ABHANDLUNGEN DER DEUTSCHEN AKADEMIE
DER WISSENSCHAFTEN ZU BERLIN

Klasse für Mathematik, Physik und Technik

Jahrgang 1964 Nr. 1

GERHARD ZIMMER

ÜBER DIE EINFLUSSGRÖSSEN BEIM M-VERFAHREN – EIN EXPERIMENTELLER BEITRAG ZUR ERWEITERUNG DER ERKENNTNISSE

Mit 128 Abbildungen und 5 Tabellen

AKADEMIE-VERLAG · BERLIN
1964

Vorgelegt von Hrn. Jante in der Klassensitzung vom 26. September 1963

Zum Druck genehmigt am gleichen Tage, ausgegeben am 30. Juni 1964

Erschienen im Akademie-Verlag GmbH, Berlin W 8, Leipziger Straße 3–4

Lizenznummer: 202 · 100/485/64
Gesamtherstellung: VEB Druckerei „Thomas Müntzer" Bad Langensalza
Bestellnummer: 2001/64/I/1 · ES 20 H 3 · Preis: DM 14,60

INHALT

KURZREFERAT

Es werden zunächst die neuesten Erkenntnisse über die Vorgänge bei der Gemischbildung und Verbrennung im Dieselmotor unter besonderer Berücksichtigung der Vorgänge beim M-Verfahren dargestellt.

Im Rahmen der experimentellen Arbeiten wird anhand aufgenommener Brenngesetze ein Einblick in den Verbrennungsablauf des M-Verfahrens und ein Vergleich mit anderen Dieselverbrennungsverfahren gegeben. Anschließend erfolgt die Darstellung von Ergebnissen über einige Haupteinflußgrößen auf die dieselmotorische Verbrennung, speziell beim M-Verfahren. Dabei ergeben sich einmal von der Kraftstoffeinspritzung her bestimmte Zusammenhänge zwischen den Faktoren Einspritzdauer, Einspritzpunkt und Strahlauflockerung. Weiterhin werden die Wechselbeziehungen zwischen den Größen freie Strahllänge, Strahlauflockerung, Strahlzahl, Luftdichte bei Einspritzbeginn und ihre Auswirkung auf die Verbrennung behandelt. Aus diesen Ergebnissen können auch Qualitätsschlüsse auf die Größe der optimalen luftverteilten Kraftstoffmenge gezogen werden. Als weitere Haupteinflußgröße auf den Verbrennungsablauf wird die Luftbewegung im Brennraum untersucht. Dem schließen sich noch einige Ergebnisse über den Einfluß der Strahllage im Brennraum, der Kolbenkühlung und des Überspritzens der oberen Brennraumkante an.

Auf Grund der erzielten Ergebnisse werden die Vorgänge beim M-Verfahren zu Beginn der Verbrennung erklärt. Den Abschluß bildet eine Zusammenfassung der Merkmale bzw. Forderungen, die bei der Anwendung eines solchen Dieselverbrennungsverfahrens zu berücksichtigen sind.

VERZEICHNIS DER VERWENDETEN FORMELZEICHEN UND ABKÜRZUNGEN

a	mm	Abstand Strahlwurzel — Auffangebene am Mengenverteilungsmeßgerät
b	$\frac{mm^3}{°PW\ Asp}$	Einspritzmenge
b		kraftstoffabhängige Konstante (hat die Bedeutung einer scheinbaren Aktivierungsenergie)
B_e	kg/h	stündlicher Kraftstoffverbrauch
b_e	g/PSh	spezifischer Kraftstoffverbrauch
b_i	g/PS_ih	indizierter Kraftstoffverbrauch
c	kp/cm	Federkonstante
d	mm	Durchmesser der Düsenbohrung
d	mm/Asp	Strahldichte
D	mm	Durchmesser der Speicherraumbohrung der Düse
EB	°KW v. OT	Einspritzbeginn
ED	°KW	Einspritzdauer
ED_R	°KW	Einspritzdauer an der Rauchgrenze
EE	°KW v./n. OT	Einspritzende
F_S	cm^2	Kraftstoffstrahlquerschnitt
FB	°KW v. OT	Förderbeginn
ΔFB	°KW	Förderbeginnbereich für $b_e < 1{,}01 \cdot b_{e\,min}$
h	mm	Düsenhöhe
l	mm	Länge der Düsenbohrung
L	mm	Länge der Speicherraumbohrung
L_f	mm	freie Strahllänge
n	U/min	Motordrehzahl
n		kraftstoffabhängige Konstante
n_A	U/min	Anemometerdrehzahl
n_P	U/min	Pumpendrehzahl
N_e	PS	effektive Leistung
p	kp/cm^2	Druck
p_e	kp/cm^2	effektiver Mitteldruck
p_{e_R}	kp/cm^2	effektiver Mitteldruck an der Rauchgrenze
p_i	kp/cm^2	indizierter Mitteldruck
p_{max}	kp/cm^2	Verbrennungshöchstdruck
$p_ö$	kp/cm^2	Düsenöffnungsdruck
$p_{öl}$	kp/cm^2	Ölüberdruck (Kolbenkühlung)
p_v	kp/cm^2	Verlustmitteldruck
q	mm^3/Asp	Fördermenge
Q_{WE}	kcal	entwickelte Wärmemenge
R	Skt	Abgastrübung

s	mm	Strahlweg
t	°C	Temperatur
t_{Ab}	°C	Abgastemperatur
t_W	°C	Wandtemperatur
V	$\frac{1}{\text{mm}^3/\text{Asp}}$	Verlängerungsfaktor für Einspritzgesetze
VB	°KW v./n. OT	Verbrennungsbeginn
VD	°KW, s	Verbrennungsdauer
W_S	m/s	Strahlgeschwindigkeit
ZV	°KW, s	Zündverzug
α	°KW	Kurbelwinkel
α_{50}	°KW v. OT	Zeitpunkt, zu dem 50% der Einspritzmenge eingespritzt ist
$\alpha°$		Strahlrichtungswinkel
$\beta°$		Düsenverdrehung
$\Delta\beta°$		Düsenverdrehbereich
γ		mittlerer Strahlwinkel
δ		Ventilschirmstellung
ε		Verdichtungsverhältnis
η	%	Wirkungsgrad
$\varkappa$		Schirmwinkel
λ		Luftüberschußzahl
λ_R		Luftüberschußzahl an der Rauchgrenze
λ_L		Liefergrad
$\mu \cdot F$	mm²	effektiver Düsendurchflußquerschnitt
π		Druckverhältnis
ϱ	kg/m³	Luftdichte
ϱ_{EB}	kg/m³	Luftdichte bei Einspritzbeginn
$\tau°$		Auftreffwinkel
φ	°PW	Pumpenwinkel

1. Problemstellung

Mit dem M-Verfahren der MAN wurde ein Direkteinspritzverfahren für Dieselmotoren mittlerer Größe geschaffen, das gegenüber der herkömmlichen Direkteinspritzung eine Reihe von Vorteilen in bezug auf Geräuscharmut, Kraftstoffunempfindlichkeit und Wirtschaftlichkeit brachte [1].

Die wichtigsten Merkmale des M-Verfahren sind nach MEURER [1]

a) Beschränkung der die erste Zündung einleitenden Kraftstoffmenge auf einen kleinen luftverteilten Anteil.

b) Auftragen der Hauptkraftstoffmenge auf die relativ kühle Brennraumwand mit der Möglichkeit zur langsamen Voroxydation und möglichst gemeinsame Erwärmung von Kraftstoff und Luft.

c) Schnelle Vermischung des von der Wand abdampfenden Kraftstoffes mit der Verbrennungsluft hoher Geschwindigkeit und seine rechtzeitige Zündung.

Diese Merkmale leitete MEURER aus reaktionskinetischen Betrachtungen über die Dieselverbrennung ab.

Dabei ist das M-Verfahren die bewußte Anwendung der zum Teil auch bereits früher von verschiedenen Forschern erkannten und in geringem Maße auch schon an Direkteinspritzmotoren unbewußt verwirklichten Grundbedingungen für die Dieselverbrennung.

Ziel der vorliegenden Arbeit soll es sein, über die bereits bekannten Bedingungen beim M-Verfahren hinaus weitere Einflußgrößen zu untersuchen. Damit soll ein Beitrag zur Schaffung der notwendigen Voraussetzungen für die Anwendung von Dieselverbrennungsverfahren mit direkter Einspritzung geleistet werden.

2. Grundlagen der dieselmotorischen Gemischbildung und Verbrennung unter besonderer Berücksichtigung der Bedingungen beim M-Verfahren

2.1 Kraftstoffeinspritzung

Während bei der herkömmlichen Direkteinspritzung der Gemischbildung durch die Düse eine große Bedeutung zukommt, ist das beim M-Verfahren infolge der Wandauftragung der Hauptkraftstoffmenge in einem weit geringeren Maße, nämlich nur für die anfangs luftverteilte Kraftstoffmenge, der Fall.

Nach OSCHATZ [2] beeinflußt die Anfangsstörung der Düse, die vom konstruktiven Aufbau des Nadelsitzes und der Austrittsbohrung abhängt, die Strömungsform und die Kraftstoffverteilung im Strahl.

Ferner hat das Verhältnis l/d (Länge/Durchmesser der Düsenbohrung) Einfluß auf die Strahlauflockerung.

Daneben besteht eine Abhängigkeit vom Speicherraumverhältnis L/D. Nach den Ergebnissen von BÖTTGER an 2 Kegelsitzdüsen wird bei etwa gleichem l/d mit kleinerem L/D eine größere Strahlauflockerung erzielt [3].

Die Ausbildung verschiedener Strahlformen auf Grund der konstruktiven Gegebenheiten der jeweiligen Düsen ist auf die wegabhängige Flüssigkeitsreibung in der Düse zurückzuführen, wodurch eine mehr oder weniger starke Gleichrichtung der Eintrittsstörung erfolgt.

Die eigentliche Tropfenbildung ist nicht der Düse, sondern den von außen angreifenden Luftkräften zuzuschreiben, die durch die Relativgeschwindigkeit von Kraftstoffstrahl und Luft entstehen. Diese Relativgeschwindigkeit wächst vom Strahlinnern zum Strahlrand hin an [4]. Die Tropfenbildung setzt mit steigender Luftdichte und mit größerer Strahlauflockerung immer stärker ein, wobei gleichzeitig die Eindringtiefe abnimmt [5].

Zunehmende Strahlauflösung infolge Kernabbaues setzt nach OSCHATZ erst oberhalb eines Druckes von 4÷5 ata ein, da dort erst die infolge des Mitreißens von Luft durch den Strahl erzeugten Luftkräfte groß genug werden, um den strahlbindenden Einfluß der sich durch die Verdichtung ergebenden Luftkräfte und die inneren molekularen Flüssigkeitskräfte des Kraftstoffstrahls überwinden können [5]. Die Kraftstoffmenge nimmt nach Versuchen in [5] (Abb. 1) im Strahlkern mit steigender Strahlgeschwindigkeit (höherem Einspritzdruck) ab und steigt bei geballter Strömung, oberhalb etwa 110 m/s, wieder an. Die häufigsten Tropfengrößen bewegen sich im Strahl etwa zwischen 10 und 30 μm ⌀ (die kleinsten Tropfen befinden sich im Strahlmantel, da dort die Relativgeschwindigkeit Kraftstoff — Luft zunächst am größten ist), wobei mit größerer Strahlgeschwindigkeit die Häufigkeit der kleineren Tropfen zunimmt. Auch THIEMANN [6] gibt an, daß der mittlere Tropfendurchmesser umgekehrt proportional der Strahlgeschwindigkeit ist. MEHLIG [4] ist allerdings der Ansicht, daß der mittlere Tropfendurchmesser selbst unter sehr unterschiedlichen Einspritzverhältnissen keine sehr große Änderung erfährt.

Durch Luftströmungen im Brennraum wird der Strahlmantel relativ leicht mitgenommen, während die Durchschlagskraft des Strahlkerns praktisch nicht betroffen wird [6]. Nach EISFELD [7] hängt die Wirkung der Luftströmung auf den Kraftstoffstrahl vom Grad seiner Auflockerung ab.

Die Strahlentwicklung nimmt nach [8] mit der freien Strahllänge zu. Es muß auch beim M-Verfahren für die Bildung des luftverteilten Kraftstoffanteils noch eine bestimmte freie Strahllänge vorhanden sein.

2.2 Wandauftragung des Kraftstoffes

Beim M-Verfahren wird der überwiegende Kraftstoffanteil auf die Brennraumwand aufgespritzt.

Es wurde aber bereits früher erkannt, daß auch bei den übrigen Dieselverbrennungsverfahren mehr oder weniger Kraftstoff auf die Brennraumwand gelangt [8], [9].

Nach BLUME [10] ist bei Wandaufspritzung eine überraschend weitgehende Umlenkung des Strahls unter grundsätzlicher Erhaltung des Strahlaufbaus möglich. Da der Strahl auch schon bei kurzen freien Strahllängen mit Luft und Dampf durchmischt ist, findet ein Zurückspritzen im Sinne einer Reflexion nicht statt. Der Anteil des die Wand in flüssigem Zustand berührenden Kraftstoffes ist nach [11] klein, er steigt mit kürzerer freier Strahllänge und steilerem Aufspritzen (größerer Auftreffwinkel). Beim Auftreffen auf die Wand erfolgt eine Umschichtung des Strahles, wobei der Strahlkern mit seinen großen Tropfen infolge seiner großen Bewegungsenergie dicht an die Brennraumoberfläche gelangt [8], [11]. Oberhalb 550 °C Wandtemperatur tritt dabei infolge des LEIDENFROSTschen Phänomens keine Wandberührung ein. Beim M-Verfahren wird jedoch bewußt eine Berührung herbeigeführt, indem die Wandtemperatur durch Kühlung herabgesetzt wird. (Nach MEURER [1] beträgt sie für Vollast etwa 340 °C.) Dadurch wird die chemische Zerfallsneigung der wandnahen Tropfen eingeschränkt.

Die Größe der Strahlauflösung und der Strahlausbreitung auf der Wand ist zunächst von der kinetischen Energie des Kraftstoffstrahles abhängig. Bei einer starken, zum Strahl gleichgerichteten, Luftbewegung wird die Ausbreitung des Kraftstoffes weiter gefördert. Die Luftkräfte, die während der anfänglich hohen Strahlgeschwindigkeit infolge Reibung die Zerstäubung fördern, also den Strahl bremsen, treten bei Absinken der Strahlenergie bzw. der Strahlgeschwindigkeit unter die Luftgeschwindigkeit als Schub auf.

Den schematischen Geschwindigkeitsverlauf von Kraftstoff und Luft zeigt Abb. 2.

Neben der Luftströmung hat auch der Auftreffwinkel Einfluß auf die Ausbreitung des Kraftstoffes. Bei steilem Aufspritzen kann nach BLUME [11] in ruhender Luft sogar ein Teil des Kraftstoffes gegen seine ursprüngliche Richtung abgelenkt werden. Für das M-Verfahren gibt MEURER [1] an, daß das Aufspritzen unter spitzem Winkel erfolgen soll, während BÖTTGER [3] dem Auftreffwinkel nur untergeordnete Bedeutung beimißt.

2.3 Zündverzug

2.31 Theoretische Grundlagen

Mit Zündverzug wird heute allgemein die Zeit bezeichnet, die vom Beginn der Kraftstoffeinspritzung bis zu einem merkbaren Druckanstieg im Zylinder über die Verdichtungslinie verstreicht. In dieser Zeitspanne erfolgt einmal eine physikalische Aufbereitung des eingespritzten Kraftstoffes mit Zerstäubung, Erwärmung und Verdampfung und zum anderen eine chemische Veränderung der Kraftstoffmoleküle.

Es fehlte bisher nicht an Versuchen, die Vorgänge während des Zündverzuges zu deuten. Wenn man bedenkt, daß die Zündverzugszeiten in der Größenordnung von nur einigen tausendstel Sekunden liegen, so wird es klar, daß die Bestimmung der Veränderungen, denen der eingespritzte Kraftstoff unterworfen ist, sehr schwierig ist.

Bekannt ist sowohl durch Bomben- als auch durch Motorversuche, daß die Größe des Zündverzuges zunächst von der Temperatur und von der Luftdichte im Brennraum abhängig ist. SCHMIDT [12] hat die Ergebnisse verschiedener Forscher zusammengestellt. Abb. 3 zeigt dazu etwa den Streubereich, der sich für die Temperaturabhängigkeit des Zündverzuges ergibt.

In diesem Bereich liegen auch die Werte neuerer Untersuchungen von F. PISCHINGER [13]. Man erkennt eine zunächst starke und mit steigender Temperatur geringer werdende Abhängigkeit des Zündverzuges. Für die im Dieselmotor praktisch vorkommenden Temperaturen (man könnte als untere Grenze etwa 500 °C zugrundelegen) ist somit die Temperaturabhängigkeit des Zündverzuges relativ gering.

Die Abhängigkeit des Zündverzuges von der Temperatur kommt in der Gleichung

$$ZV \cdot p^n \cdot e^{-\frac{b}{T}} = \text{const} \tag{1}$$

zum Ausdruck.

Darin bedeuten:

ZV = Zündverzug

p = Druck der Verbrennungsluft

n = kraftstoffabhängige Konstante

b = kraftstoffabhängige Konstante
(*b* hat die Bedeutung einer scheinbaren mittleren Aktivierungsenergie).

Für konstanten Druck p wird Gleichung (1) zu

$$ZV = A \cdot e^{\frac{b}{T}}, \qquad A = \text{const} \tag{2}$$

oder

$$\lg ZV = \frac{b}{T} \lg e + \lg A\,, \tag{3}$$

d. h. $\lg ZV = f\left(\frac{1}{T}\right)$ ergibt eine Gerade, deren Steigung von der scheinbaren Aktivierungsenergie b abhängt.

Nach den Ergebnissen von SERBINOW [14] ergeben sich für die Verhältnisse bei der Dieseleinspritzung Geraden, die bei einer bestimmten Temperatur einen Knick aufweisen (in Abb. 4 für den mittleren Verlauf aus Abb. 3 dargestellt). Danach ist für das Gebiet niederer Temperatur eine hohe scheinbare Aktivierungsenergie kennzeichnend, die dem entsprechenden Wert chemischer Reaktionen nahekommt.

SERBINOW schließt daraus, daß damit im Gebiet niedriger Temperatur der Zündverzug vorwiegend durch chemische Reaktion als dem langsamsten Vorgang beeinflußt wird, da infolge des großen Zündverzuges für eine Verdampfung des Kraftstoffes genügend Zeit vorhanden ist.

Zum gleichen Schluß kam bereits WENTZEL [15], der feststellte, daß die berechneten Zeiten für Aufheizen und Verdampfen des Kraftstoffes wesentlich kleiner als der Zündverzug sind und somit ein sog. ,,chemischer Zündverzug" vorhanden sein müßte. Auch SCHMIDT [16] und WOLFER [17] vermuteten in den von ihnen untersuchten niederen Temperaturbereichen, daß die geringe Geschwindigkeit der chemischen Reaktion den Zündverzug vorwiegend beeinflußt.

Für den Bereich hoher Temperaturen, wie sie in Dieselmotoren vorwiegend auftreten, ist nach den Ergebnissen von SERBINOW [14] die scheinbare Aktivierungsenergie, verglichen mit Werten gasförmiger Gemische, klein und entspricht ihrer Größe nach der molekularen Verdampfungswärme des Kraftstoffes. SERBINOW schließt daraus, daß bei hohen Temperaturen die Geschwindigkeit der chemischen Reaktion von Kraftstoffdämpfen sehr groß wird und daß demzufolge in diesem Temperaturbereich die Verdampfung des Kraftstoffes den langsamsten Vorgang darstellt und ihre Zeitdauer den Zündvorgang vorwiegend beeinflußt. Er verweist in diesem Zusammenhang auch auf Ergebnisse von NÄGEL, wonach mit steigender Lufttemperatur der Anteil des bis zur Zündung verdampften Kraftstoffes geringer wird.

Die Abhängigkeit des Zündverzuges von der Luftdichte, die für konstante Temperatur gleichzeitig der Abhängigkeit vom Druck im Verbrennungsraum entspricht, zeigt Abb. 5 nach Ergebnissen aus [13], [17], [18].

Hier ist ebenfalls eine mit größerer Luftdichte kleiner werdende Verringerung des Zündverzuges zu erkennen.

Die formelmäßige Beziehung ergibt sich aus Gleichung (1) für konstante Temperatur zu

$$ZV = B \cdot p^{-n}, \quad B = \text{const} \tag{4}$$

oder

$$\lg ZV = -n \lg p + \lg B\,, \tag{5}$$

d. h. $\lg ZV = f(\lg p)$ bzw. $\lg ZV = f(\lg \varrho)$ ergibt eine Gerade. Auch hier wurde gute Übereinstimmung mit Versuchsergebnissen erzielt. Abb. 6 zeigt die Funktion für die Kurve 1 in Abb. 5. Nach SERBINOW [14] beeinflußt der Druck bei konstanter Temperatur die Verdampfungsgeschwindigkeit. Die Verdampfungsgeschwindigkeit hängt von der Wärmemenge ab, die der Kraftstofftropfen von der erwärmten Luft aufnimmt. Diese Wärmemenge wird von der Größe der druckabhängigen Wärmeübergangszahl bestimmt. Mit größerem Anfangsdruck muß somit die Verdampfungsgeschwindigkeit größer werden, was einer Verkürzung des Zündverzuges gleichkommt.

Das müßte bei höheren Temperaturen, bei denen nach [14] der Verdampfungsvorgang als langsamster Vorgang den Zündverzug wesentlich beeinflußt, am stärksten zum Ausdruck kommen.

Zusammenfassend kann gesagt werden, daß während des Zündverzuges physikalische und chemische Veränderungen im Kraftstoff vor sich gehen, wobei die Intensität des jeweiligen Vorganges vor allem von den Temperaturen beeinflußt wird.

2.311 Physikalische Aufbereitung

Der Kraftstoffstrahl wird bei Eintritt in die verdichtete Luft vor allem im Strahlmantel in viele feine Tröpfchen zerstäubt. Diese sich vom Strahl ablösenden Kraftstofftröpfchen bewegen sich auf ihren Bahnen weiter, wobei sie durch die heiße Luft erwärmt und verdampft werden.

Erbakan [19] führte Berechnungen des Aufheizungs- und Verdampfungsvorganges eines Kraftstofftropfens durch und kam dabei zu folgenden auch zum Teil von anderen Forschern erkannten Ergebnissen.

Durch die Verdampfung entsteht um den Tropfen herum eine Dampfhülle. Die darin enthaltenen Kraftstoffdampfteilchen haben eine Relativbewegung zum Tropfen, so daß jedes Teilchen bis zum Einsetzen der Zündung eigene Druck-, Temperatur- und Konzentrationsverhältnisse besitzt. Die Grenzschicht um den Tropfen herum ist zunächst laminar, dann turbulent. Diese Bereiche durchläuft ein Kraftstoffdampfteilchen infolge seiner Relativbewegung zum Tropfen, wobei es schließlich in den Nachlauf des Tropfens gelangt (Abb. 7).

Weiterhin besteht um den Tropfen herum neben der Strömungsgrenzschicht eine Temperatur- und eine Konzentrationsgrenzschicht, deren Dicken unter dieselmotorischen Bedingungen in erster Näherung etwa gleich sind.

Innerhalb der Grenzschicht entsteht ein für das Einsetzen der Zündung günstiger Bereich, der etwa der Konzentration $\lambda = 1$ entspricht. Um schnelle Zündung zu erreichen, sollte $\lambda \approx 1$ im Bereich hoher Grenzschichttemperatur liegen. Diese Ansicht, daß der kürzeste Zündverzug im Kraftstoffstrahl dort auftritt, wo neben dem erforderlichen Mischungsverhältnis auch die höchsten Temperaturen auftreten, wurde bereits von Schmidt [16] vertreten.

Nach Erbakan sollte $\lambda \approx 1$ außerdem in einem Strömungsbereich liegen, in dem die Teilchen länger verweilen. Das ist vor dem Tropfen in der Grenzschicht am Staupunkt der Fall. Daneben kann aber die Zündung auch an anderen Stellen entstehen, so hinter dem Tropfen in der Umgebung der Bewegungsachse oder im mittleren Gebiet des Nachlaufs.

Letztere Stelle ist für die Zündung am wenigsten begünstigt, da sich vor allem bei zusätzlicher Luftbewegung und bei Eintritt benachbarter Tröpfchen der für die Zündung günstige Bereich von $\lambda \approx 1$ zu schnell verschiebt.

Die Erwärmung des Tropfens erfolgt bis zum Erreichen einer bestimmten, in [19] nicht näher definierten Temperatur (Verdampfungstemperatur) zunächst sehr rasch und anschließend praktisch nicht mehr. Umgekehrt ist die Verdampfung anfangs schwach und wird dann größer, wobei kleine Tropfen nach einer bestimmten Zeit praktisch völlig verdampft sind und großen Nachlauf mit weniger günstigen Zündbedingungen bilden.

Es scheint demnach zweckmäßig, die Kraftstofftröpfchen bei der Zerstäubung nicht zu klein werden zu lassen, damit die Zündung vor Erreichen der vollständigen Verdampfung in der laminaren Grenzschicht einsetzen kann.

2.312 Chemische Aufbereitung

Die während des Zündverzuges im Brennraum vor sich gehenden chemischen Reaktionen sind sehr komplizierter Art und zum großen Teil noch unbekannt. Es fehlte jedoch nicht an Versuchen, in Form von Hypothesen diese Vorgänge zu deuten.

Nach BOERLAGE u. BROEZE [20] scheint das wichtigste Merkmal für die Zündfähigkeit im Motor die Zerfallsneigung der Kraftstoffmoleküle zu sein.

Die Reaktion beginnt nach den Vorstellungen von ERICHSEN [21] mit der Abspaltung von Wasserstoffatomen und mit der Auflockerung der C–H- und C–C-Bindungen im Molekül.

Die dadurch entstehenden Radikale benötigen eine bestimmte Anregungsenergie, um mit dem Sauerstoff reagieren zu können. Nach SOKOLIK [22] entspricht die Größe dieser Energie etwa der Aktivierungsenergie von Reaktionen, die der Selbstzündung bei hohen Temperaturen vorangehen. Von den gebildeten Radikalen aus scheint die Verbrennung in Form von Kettenreaktionen zu erfolgen [16], [22]. PISCHINGER [23] führt an, daß nach Einleitung der Kettenreaktionen Oxydation und Spaltung nebeneinander verlaufen können. Durch die Selbstbeschleunigung der Kettenreaktionen wird dann bald ein Zeitpunkt erreicht, bei dem der resultierende Vorgang exotherm wird und damit die Verbrennung einsetzt.

Nach der Theorie SOKOLIKS [22] muß die Selbstentzündung in einer Zone relativ niedriger Temperatur hervorgerufen werden, in der jedoch eine anfängliche Bildung von Radikalen nicht möglich ist.

Dagegen soll eine Bildung von endothermen Peroxydverbindungen infolge Selbstoxydierung von C–H-Molekülen erfolgen. Bei einer bestimmten Konzentration setzt dann ein Zerfall bei „kalter Flamme" ein, die nierige Temperatur aufweist.

In dieser Stufe wird ein aktives Gemisch von Peroxyden, Aldehyden und Radikalen gebildet, wodurch gleichzeitig eine Anreicherung mit einer neuen Art von Peroxyden erfolgt. Diese zerfallen bei einer kritischen Konzentration ebenfalls explosionsartig, wodurch die „sekundäre Kaltflamme" mit wesentlichem Temperaturanstieg erfolgt. Es wird ein Gemisch von CO und aktiven Produkten gebildet, die dann die eigentliche Wärmeexplosion bei „heißer Flamme" ergeben.

Abb. 8 zeigt die Selbstzündungsbereiche für veränderlichen Druck und veränderliche Temperatur nach [22]. Bei Erhöhung der Temperatur wird vor allem die Kaltflammenstufe verkürzt, da verstärkter Zerfall der Superoxyde und Verringerung der kritischen Konzentration beschleunigend wirken. Auf der anderen Seite verschiebt sich die Grenze für den mehrstufigen Selbstentzündungsvorgang mit steigendem Druck zu höherer Temperatur. In diesem Zusammenhang muß allerdings darauf hingewiesen werden, daß die reine Kaltflammenstufe bei Motorbetrieb nicht vorhanden ist, da die Drücke bei Einspritzbeginn im allgemeinen über 12 kp/cm^2 liegen (in Abb. 8 mit eingezeichnete Linie).

Ob die Vorgänge während des Zündverzuges tatsächlich wie dargelegt ablaufen, muß dahingestellt bleiben. Es soll aber darauf hingewiesen werden, daß diese Hypothesen vom Versuchsingenieur nicht überbewertet werden dürfen. Für ihn kommt es bei der Entwicklung neuer Motoren mehr darauf an, die Auswirkungen bestimmter Veränderungen zu kennen. Aus diesem Grunde wird im folgenden Abschnitt ein Überblick über die Abhängigkeit des Zündverzuges von weiteren Einflußgrößen gegeben.

2.32 Beeinflussung des Zündverzuges

Es besteht bei der Dieselverbrennung die Notwendigkeit, die während des Zündverzuges aufbereitete und zur Zündung gelangende Kraftstoffmenge möglichst klein zu halten, da sonst der Druckanstieg im Brennraum übermäßig groß wird. Ein starker Druckanstieg wirkt sich ungünstig auf die Triebwerksbeanspruchung aus und verursacht einen harten Lauf des Motors.

Grundsätzlich ergeben sich zur Lösung dieser Aufgabe 2 Wege:

a) Verkürzung des Zündverzuges.

b) Verringerung der bei Ablauf des Zündverzuges zur Verbrennung gelangenden Kraftstoffmenge.

Eine Verkürzung des Zündverzuges kann einmal, wie bereits in Abb. 3 bis 6 dargestellt ist, durch Temperatur- und Druckerhöhung infolge Erhöhung des Verdichtungsverhältnisses ε erzielt werden. Auf Grund der damit steigenden Verbrennungshöchstdrücke vergrößert sich jedoch die Triebwerksbelastung, so daß bereits von dieser Seite her durch die Größe der Motormasse eine Grenze gesetzt ist. Eine weitere Grenze ist auf Grund theoretischer Untersuchungen von HINZE [24] dadurch gesetzt, daß mit steigendem Höchstdruckverhältnis $\pi = \frac{p_{max}}{p_1}$ der Wirkungsgrad nach anfänglichem Anstieg und Erreichen eines Maximums wieder abfällt (Abb. 9). Dieser Verlauf ergibt sich aus den mit dem Druckverhältnis π bzw. mit dem Verdichtungsverhältnis ε ansteigenden Wärmeverlusten. Der erhöhte Wärmeübergang bedingt daneben auch höhere Anforderungen an die verwendeten Werkstoffe. Dazu kommt, daß mit steigendem Verdichtungsverhältnis die Abnahme des Zündverzuges immer geringer wird.

Eine weitere Möglichkeit zur Verkürzung des Zündverzuges ist die Erhöhung der Wandtemperatur bei Aufspritzen des Kraftstoffes. Abb. 10 zeigt die Abhängigkeit nach Versuchen von BLUME [10]. BLUME weist allerdings darauf hin, daß beim Aufspritzen in ruhender Luft mit Vergrößerung der Wandtemperatur die Durchbrennzeit stark vergrößert wird. Zur Vermeidung dieser ungünstigen Wirkung ist deshalb eine entsprechend starke Luftbewegung notwendig.

Von dieser Art der Zündverzugsverkürzung wird in der Praxis zum Teil bei Kammermotoren durch Beheizung bzw. nicht Kühlung bestimmter, von der Luftströmung erfaßter Wandstellen Gebrauch gemacht. Eine Verkürzung des Zündverzuges kann ferner unter Umständen durch Verstärkung der Luftbewegung erzielt werden. Nach [12] haben Bombenversuche ergeben, daß bei ruhender Luft der Zündverzug größer als bei Luftwirbelung ist. Auch KNEULE [25] mißt der Luftwirbelung große Bedeutung bei. Dagegen ist z. B. WENTZEL [18] der Meinung, daß eine Luftwirbelung im Brennraum keinen merklichen Einfluß hat.

Grundsätzlich dürfte für Temperaturbereiche, in denen der Mischungs- und Verdampfungsvorgang den langsamsten Vorgang darstellt, eine abgestimmte Luftbewegung zur Beschleunigung dieses Vorganges von Vorteil sein.

Die Vermeidung der ungünstigen Wirkung eines zu langen Zündverzuges durch Verringerung der zuerst verbrennenden Kraftstoffmenge ließe sich einmal dadurch erreichen, daß während des Zündverzuges nur eine kleine Kraftstoffmenge eingespritzt wird. Nach dem Anlauf der Verbrennung folgt dann erst die Haupteinspritzung. Diese Möglichkeit der Beeinflussung vom Einspritzgesetz her ist jedoch nur bei langsam laufenden Motoren gegeben, da das Einspritzgesetz stark drehzahlabhängig ist und deshalb nur in einem kleinen Drehzahlbereich optimal angepaßt werden kann.

Eine weitere Möglichkeit besteht in der Zerklüftung des Brennraumes. Davon wird beim Wirbelkammer- und Vorkammerverfahren Gebrauch gemacht. Hier erfolgt zuerst eine Teilverbrennung in der vom Hauptbrennraum abgesonderten Kammer. Die Drucksteigerungsgeschwindigkeit im Hauptbrennraum kann durch die Ausbildung der Drosselstelle zwischen beiden Brennraumteilen bis zu einem gewissen Grade beeinflußt werden.

Der Vorteil des niedrigeren Verbrennungsgeräusches gegenüber dem Direkteinspritzverfahren muß allerdings durch Verschlechterung des Wirkungsgrades infolge Drosselverlusten und größeren Wärmeübergangsverlusten beim Überströmen in den Hauptbrennraum erkauft werden. Nach PISCHINGER [26] ist bei Motoren mit unterteilten Brennräumen ein etwa 12% höherer Verbrauch bei gleichguter Verbrennung zu erwarten. Andererseits weisen die Kammermotoren jedoch den Vorteil relativ hoher Luftausnutzung und damit gegenüber Direkteinspritzmotoren höhere Belastbarkeit auf. Nach Angaben von PISCHINGER [26] ergibt sich bei mittleren Drehzahlen ($n \approx 1500$ U/min) für einen Vorkammermotor eine Luftüberschußzahl $\lambda \approx 1{,}4$ und für einen Direkteinspritzmotor $\lambda \approx 1{,}9$.

Eine Möglichkeit zur Vermeidung der üngünstigen Wirkung des Zündverzuges bei Erhaltung der guten Wirtschaftlichkeit des Direkteinspritzverfahrens wird dadurch geschaffen, daß nur ein kleiner Teil des eingespritzten Kraftstoffes die Zündung einleitet, indem für den Hauptteil der Zündverzug zunächst bewußt vergrößert wird. Von dieser Art wird beim M-Verfahren Gebrauch gemacht.

2.33 Beeinflussung des Zündverzuges beim M-Verfahren

Durch bewußtes Aufspritzen des Kraftstoffes auf die Brennraumwand wird die anfangs luftverteilte Kraftstoffmenge, die sich aus den durch die Luftreibung abgespaltenen Tröpfchen aus dem Strahlmantel bildet, klein gehalten. Diese Menge leitet nach Ablauf des Zündverzuges die Verbrennung ein und ergibt sanften Druckanstieg. Bedingung dafür ist, daß der Zündverzug der wandverteilten Kraftstoffmenge größer ist. Die die erste Zündung einleitende Kraftstoffmenge soll nach MEURER [1] etwa 5% der Gesamtmenge betragen. Nach SOKOLIK [27] entspricht das überschlägig etwa der Kraftstoffmenge, die bei der Selbstzündung für die Bildung eines Flammenherdes, der den Übergang zur turbulenten Flammenausbreitung ermöglicht, notwendig ist.

Der Zündverzug der luftverteilten Kraftstoffmenge, der gemäß der Definition des Begriffes Zündverzug dem Gesamtzündverzug der übrigen Dieselverbrennungsverfahren entspricht, ist nach Bombenversuchen von PISCHINGER [28] auch vom Winkel zwischen Strahl und Brennraumwand abhängig.

Für Brennraumwandtemperaturen, die unter der Temperatur der Verbrennungsluft liegen, vergrößert sich der Zündverzug infolge der kälteren Zone in Wandnähe bei stärkerem Spritzen in Richtung Brennraumwand und niedrigerer Wandtemperatur (Abb. 11). Auch WENTZEL [18] wies bereits auf diese Abhängigkeit hin, er erklärte das mit der stärkeren Kühlung der Verbrennungsluft infolge der relativ kalten Brennraumwand. Nach PISCHINGER verringert sich dabei die Intensität der Vermischung des Kraftstoffes mit der heißen Luft.

PISCHINGER sieht in dieser Tatsache auch ein Mittel zur Geräuschverminderung, wenn mit zwei oder mehreren Kraftstoffstrahlen unterschiedlichen Auftreffwinkels bzw. unterschiedlicher freier Strahllänge eingespritzt wird.

Für die wandverteilte Hauptkraftstoffmenge sowie für den Teil der luftverteilten Menge, der durch den Wirbel ebenfalls an die Wand geführt wird, wird die von BLUME [10] (Abb. 10) ermittelte Abhängigkeit des Zündverzuges von der Wandtemperatur dahingehend ausgenutzt, daß durch entsprechende Kühlung der Brennraumwand der Zündverzug vergrößert wird. Dadurch gelangt dieser Kraftstoffanteil infolge Verzögerung der thermischen Aufbereitung erst zur Verbrennung, nachdem die erste Zündung durch die luftverteilte Kraftstoffmenge eingeleitet ist. Die Folge ist ein weniger starker Druckanstieg und niedrigeres Verbrennungsgeräusch gegenüber der herkömmlichen Direkteinspritzung.

Nach MEURER [1] muß die Wandtemperatur genügend hoch sein für die Einleitung der Verdampfung, andererseits aber niedrig genug, um einen zu starken Zerfall der Kraftstoffmoleküle mit verstärkter Bildung von Ruß zu vermeiden. Der Verdampfungsvorgang selbst verläuft nicht schlagartig, sondern allmählich entsprechend der jeweiligen Temperaturdifferenz zwischen Wand und Verbrennungsluft. MEURER war der Meinung, daß sich eine stufenweise Verdampfung ergibt. Aus dem von PISCHINGER [23] erkannten Effekt der thermischen Mischung ergibt sich jedoch die neue Erkenntnis, daß der Verdampfungsvorgang nicht stufenweise, sondern stetig fortschreitend verläuft. Durch die heftige Luftbewegung erfolgt eine gute und schnelle Mischung der verdampfenden Kraftstoffmenge. Dadurch werden günstige Bedingungen für eine schnelle Verbrennung geschaffen. MEURER vertritt die Ansicht, daß die Verbrennung des wandverteilten Kraftstoffs nicht durch Selbstzündung, sondern durch Fremdzündung infolge glühender Kohlenstoffteilchen erfolgt, die durch die Selbstzündung der luftverteilten Kraftstoffmenge gebildet werden.

Sokolik [27] bezweifelt jedoch die Verhütung der Selbstzündung der Hauptkraftstoffmenge.

2.4 Luftbewegung

Man kann grundsätzlich zwei Arten der Luftbewegung hinsichtlich ihrer Entstehung unterscheiden:

a) Durch die Zerklüftung des Verdichtungsraumes bei der Kolbenbewegung entstehende turbulente Strömung.

b) Durch entsprechende Ausbildung der Einlaßorgane erzeugte gerichtete Luftbewegung.

Nach [30] wird die Turbulenz in der Verbrennungsperiode während des Saughubes erzeugt. Dabei ändert sich die Luftgeschwindigkeit während der Verbrennung nicht mehr als 10%, wobei in der Nähe des oberen Totpunktes, d. h. im Gebiet der maximalen Verbrennungsgeschwindigkeit, das Maximum erreicht wird. Die Größe der Verwirbelung ist nach Kozousek [31] von der Geschwindigkeit der einströmenden Luft und von den Verdichtungsdruckwellen abhängig.

Eine weitere Abhängigkeit besteht nach den Ergebnissen von Triebnigg [32] von der Gestaltung des Brennraumes. So ergeben stark eingezogene Brennräume mit kleinem Verhältnis von Brennraum- zu Zylinderdurchmesser höhere Strömungsgeschwindigkeiten. Außerdem soll die Brennraumkante für Wirbelbildung hinterschnitten sein.

Diese Luftströmungen reichen aber allein nicht aus, um eine schnelle Vermischung von Kraftstoff und Luft herbeizuführen.

Bei der herkömmlichen Direkteinspritzung wurde deshalb durch Anordnung einer größeren Strahlzahl und gute Auflockerung der Strahlen (geringe Eindringtiefe) die Hauptaufgabe bei der Gemischbildung der Einspritzdüse zugeordnet.

Da aber bei den heutigen kleinen Brennraumabmessungen praktisch in jedem Falle ein Aufspritzen auf die Brennraumwand erfolgt [8], [9], ist auch für herkömmliche Direkteinspritzmotoren eine zusätzliche Luftbewegung (Drall) für kurze Verbrennungsdauer notwendig. Nach Pischinger [13] wird eine vollständige Verbrennung erst bei hohen Wirbelgeschwindigkeiten (74 m/s) erzielt.

Allerdings wies schon Zinner [33] darauf hin, daß dabei ein Zusammenhang zwischen Strahlanzahl und Drallstärke besteht.

Pischinger [34] wies nach, daß sich für eine bestimmte Strahlzahl bei vorwiegender Luftverteilung des Kraftstoffes ein Dralloptimum ergibt, dessen Überschreiten die Verbrennung wieder verschlechtert. Mit steigendem Drall werden die Bereiche zwischen den Kraftstoffstrahlen stärker mit den vom Luftstrom mitgerissenen Kraftstoffteilchen durchsetzt. Ist der Drall so groß, daß eine Verwehung der Kraftstoffteilchen in den benachbarten Strahl hinein erfolgt, ist Luftmangel und demzufolge schlechtere Verbrennung mit verstärkter Rußbildung die Folge. Bei geringerer Strahlzahl sind die Zwischenbereiche größer, so daß das Dralloptimum einen höheren Wert annimmt.

Gegenüber der herkömmlichen Direkteinspritzung liegt beim M-Verfahren infolge der Wandauftragung des überwiegenden Kraftstoffanteils der erforderliche Drallwert vermutlich wesentlich höher, da die Vermischung des abdampfenden Kraftstoffes mit der rotierenden Luft erst später beginnt und somit für zeitige Beendigung der Verbrennung eine kürzere Durchmischungszeit zur Verfügung steht. Nach Meurer [1] beträgt beim M-Verfahren die Drehzahl des Luftwirbels im Brennraum etwa das Sechsfache der Motordrehzahl.

Diese hohen Luftgeschwindigkeiten können durch Verwendung eines Schirmventils oder durch besondere, drallerzeugende Formgebung des Einlaßkanals (sog. Drallkanal) erzielt werden. In beiden Fällen muß jedoch auf Grund der erhöhten Strömungsverluste im Einlaßsystem eine Verminderung des Luftdurchsatzes bzw. des Liefergrades in Kauf genommen werden.

MEURER [35] wies nach, daß dabei für gleiche Wirbelgeschwindigkeit der Luft ein Drallkanal den Luftdurchsatz nicht so stark verringert wie ein Kanal mit Schirmventil. Nach den Versuchen in [36] konnte das allerdings nicht in dem Maße festgestellt werden.

Bei der Verwendung von Schirmventilen hat die freie Ventilspaltfläche Einfluß auf die Größe des Liefergrades [36], [37], wobei aber eine bestimmte Verkleinerung der freien Ventilspaltflächen durch den Schirm keine ebensogroße prozentuale Liefergradverschlechterung zur Folge hat.

Nach WIEBICKE [37] hat neben der freien Ventilspaltfläche auch ihre geometrische Form (Verhältnis Höhe zu Breite) Einfluß auf den Liefergrad.

Die für die herkömmlichen Dieselverbrennungsverfahren gültige Proportionalität zwischen Liefergrad und Mitteldruck muß beim M-Verfahren eingeschränkt werden [37], weil auch von der Größe der Wirbelintensität her eine Beeinflussung des Mitteldruckes erfolgt.

Grundsätzlich kann beim M-Verfahren ein bestimmter Mitteldruck durch verschiedene Wertepaare von Liefergrad und Wirbelintensität der Luft erreicht werden. Dabei mißt BÖTTGER [3] dem Einfluß der Wirbelintensität die überragende Bedeutung bei. Nach den Ergebnissen von WIEBICKE trifft das nur für kleine Drehzahlen zu. Bei hohen Drehzahlen muß eine bestimmte Liefergradänderung durch eine starke Veränderung der Wirbelintensität ausgeglichen werden (Abb. 12). Das könnte bei der Anwendung des M-Verfahrens für hohe Drehzahlen zu Schwierigkeiten führen.

2.41 *Effekt der thermischen Mischung*

Für gute Verbrennung muß die Luftbewegung hoher Geschwindigkeit gerichtet sein (in Form eines Potentialwirbels). Nach PISCHINGER [23] bewegt sich ein Teilchen A in rotierender Luft der Dichte ϱ je nach seiner Dichte auf verschiedenen Bahnen (Abb. 13). Ist die Dichte ϱ' des Teilchens A gleich der Luftdichte ϱ, so bewegt es sich auf einer Kreisbahn. Wird $\varrho' > \varrho$, wie es bei Kraftstofftröpfchen und Kraftstoffdampf der Fall ist, so bewegt sich das entsprechende Teilchen auf die Brennraumwand zu. Ist das Teilchen leichter als Luft ($\varrho' < \varrho$), das gilt für die brennenden Teile und die Verbrennungsgase, so gelangt es in das Innere des Potentialwirbels.

Durch diesen Effekt, den PISCHINGER als den Effekt der thermischen Mischung bezeichnet, tritt eine Trennung von Verbranntem und Unverbranntem auf [38], d. h. Frischluft und unverbrannter Kraftstoff gelangen infolge der größeren Dichte an die Brennraumwand, während sich die Flammen und Verbrennungsgase zur Brennraummitte hin ausbreiten. Die Verbrennungsgase erfahren an der Kolbenachse einen Auftrieb und können bei der Expansion den Brennraum verlassen. Es wird durch diesen Effekt auch gegen Ende der Verbrennung dem von der Brennraumwand abdampfenden Kraftstoff noch genügend Frischluft zugeführt, wodurch die Reaktionsgeschwindigkeit genügend hoch bleibt. Dadurch kann der Brenngesetzverlauf in Richtung zum idealen Verlauf nach LIST [48] (Abb. 16) günstig beeinflußt werden.

2.42 *Wirbeldrehrichtung*

Nach MEURER [1] soll die Richtung der Luftströmung gleichsinnig mit der des Kraftstoffstrahles sein. Dadurch wird vermieden, daß der Strahl auf dem Weg zur Brennraumwand zu stark aufgerissen wird. Weiterhin wird die flächenmäßige Ausbreitung des Kraftstoffes auf der Brennraumwand unterstützt.

Auch von der Verbrennung her besteht die Forderung nach Spritzen in Wirbelrichtung, da nach den Ergebnissen von PISCHINGER [23] bei Einspritzung gegen die Wirbelrichtung die

Flamme sich stark in Düsennähe ausbildet (Abb. 14), so daß ein Teil des Kraftstoffes in die Flamme gespritzt wird. Die Folge ist Luftmangelverbrennung mit erhöhter Rußbildung und erhöhtem Verbrauch.

2.5 Ort der ersten Zündung

Die erste Zündung tritt nach [16], [17], [29], [39], [40] immer im Strahlmantel ein, da dort die zündgünstigsten Tropfen bzw. die günstigsten Voraussetzungen hinsichtlich Verdampfung und Sauerstoffkonzentration vorhanden sind. Dabei ist es auf Grund der Ansichten in [19], [22] sehr wahrscheinlich, daß die erste Zündung nicht in der flüssigen Phase, sondern in der den Tropfen umgebenden Dampf-Luftgemischhülle stattfindet (vgl. auch Abschnitt 2.312).

Nach den Zeitlupenaufnahmen von Blume [10] und Meurer [1] entwickelt sich die erste Flamme nahe der Düsenöffnung. Die erste Zündung geht demnach von den zu Beginn der Einspritzung fein zerstäubten Tröpfchen aus, die ihre Bewegungsenergie rasch verlieren und eine intensive Vermischung mit der Luft erfahren (Abb. 15 oben).

Im Gegensatz zu den Ergebnissen in [1], [10] erscheint nach Aufnahmen von Pischinger [28] die erste Flamme etwa gegenüber der Düsenöffnung (Abb. 15 unten). Dieser scheinbare Widerspruch erklärt sich daraus, daß Blume und Meurer in ruhende Luft einspritzen, wogegen bei den Versuchen von Pischinger eine mit der Kraftstoffstrahlrichtung gleichsinnige Luftbewegung vorhanden war, die die anfangs abgespaltenen Kraftstofftröpfchen mittrug. Dabei dürfte der Weg bis zum Zündpunkt zeitlich dem Zündverzug entsprechen. Der Ort der ersten Zündung im Brennraum ist demnach stark von den Strömungsverhältnissen der Luft abhängig. Das ergaben auch Wirbelkammerversuche von Nagao und Kakimoto [41], wonach bei stromabwärtiger Einspritzung die Zündung im unteren Kammerbereich und bei Gegenstromeinspritzung in Düsennähe einsetzt.

Während die erwähnten Ergebnisse aus der Literatur stets nur einen anfänglichen Flammenherd zeigen (das ist auf die ausschließlich für diese Untersuchungen verwendeten Einstrahldüsen zurückzuführen), kann bei Verwendung von Mehrlochdüsen (bei der herkömmlichen Direkteinspritzung) die erste Zündung durchaus an mehreren Stellen im Brennraum einsetzen und damit die Drucksteigerung unerwünscht groß werden.

Böttger [3] leitet daraus die Forderung ab, hinsichtlich einer geräuscharmen Verbrennung den ersten Zündpunkt zu lokalisieren. Dazu soll die obere Brennraumkante, die hohe Temperatur aufweist, durch einen Strahl einer Mehrlochdüse teilweise überspritzt und damit eine Verkürzung des Zündverzuges dieser Teilmenge erzielt werden.

Daß die Wandtemperatur einen Einfluß auf den Ort der ersten entstehenden Flamme hat, ergibt sich aus Untersuchungen von Nagao und Kakimoto [42] an einer Wirbelkammer. Bei niedriger Wandtemperatur lag der erste Flammpunkt in Kammermitte, bei höherer in Wandungsnähe, was mit dem Kühleffekt der Wand erklärt wird.

Auf das Motorverhalten und die allgemeinen Vorgänge der Flammenausbreitung ist nach den Untersuchungen von Alcock und Watts [40] der Ort der ersten Zündung im Brennraum ohne Wirkung. Wichtig dürfte nur sein, daß die zur ersten Zündung gelangende Menge für die Erzielung sanften Druckanstieges entsprechend klein ist.

2.6 Verbrennung

Die Vorgänge während der Verbrennung sind ebenso wie die während des Zündverzuges noch nicht genügend erforscht, um daraus die Angabe eines genauen Reaktionsschemas ableiten zu können.

Im folgenden soll deshalb nur kurz auf die von verschiedenen Forschern dargelegten Hypothesen eingegangen werden.

2.61 Reaktionskinetische Grundlagen

Nach KARDE [43] ist die Reaktionsgeschwindigkeit zu Beginn der Hauptverbrennung und damit die Anfangsumsetzung im Dieselmotor sehr groß. Die Größe der Reaktionsgeschwindigkeit hängt von der Temperatur und von der Konzentration der Reaktionspartner ab. Nach [43] ist eine Kettenverzweigung denkbar, wobei die Zahl der Reaktionsbahnen mit laufendem Umsatz wieder abnehmen kann. Die Hauptverbrennung wird besonders von den unbeständigen Zwischenprodukten CC, CH, OH beherrscht.

Neben der Kettenreaktion mit Radikalbildung ist nach [44] die chemische Umsetzung auch in Form von Abbaureaktionen durch Dehydrieren und Kracken und anschließender Oxydation der Restmoleküle denkbar. Diese letztere Form der Umsetzung wird auch von ERICHSEN [21] vertreten, wobei mit wachsendem Wasserstoffabbau die Verbrennung immer mehr der reinen Kohlenstoffverbrennung gleicht. MEURER [1] nimmt an, daß die unterschiedliche Intensität von Spaltgeschwindigkeit und Sauerstoffzufuhr die Reaktionen zur Bildung von reinen Kohlenstoff lenkt, dessen rechtzeitiger Umsatz nur durch die katalytische Wirkung des bei der Verbrennung entstehenden Wasserdampfes mit nachfolgender Weiteroxydierung möglich ist. Diese katalytische Wirkung kann aber nach MEURER nur in hohem Maße erzielt werden, wenn der restlose Abbau auf reinen Kohlenstoff stark eingeschränkt wird. Die Möglichkeit dazu sieht er in einer langsamen Voryxodation der Kraftstoffmoleküle, die beim M-Verfahren durch die Auftragung des Kraftstoffes auf die gekühlte Brennraumwand (Schutz vor zu schneller Erhitzung) erreicht werden soll.

2.62 Flammenausbreitung

Nach Entstehung des ersten Flammenherdes breitet sich die Flamme sehr schnell durch das benachbarte reife Gemisch aus [20], wobei die Geschwindigkeit der Ausbreitung in die einzelnen Richtungen unterschiedlich ist [45]. Nach [46] wird der Verbrennungsprozeß durch die Ausbreitung der diffundierenden Flamme bestimmt. ZINNER [47] ist allerdings der Ansicht, daß die Brenngeschwindigkeit dabei nicht in erster Linie von der Fortpflanzungsgeschwindigkeit der Flammenfront, sondern vom Gemischbildungsablauf abhängig ist. Eine starke Luftwirbelung kann nach RICARDO die Flammenverbrennung beschleunigen [20]. ALCOCK und WATTS [40] sowie PISCHINGER [28] führten Untersuchungen bei Einspritzung in Richtung eines Luftwirbels durch. Dabei breitet sich nach [40] die Flamme zunächst nur in Richtung Luftwirbel aus. Nach [28] erfolgt auch eine Ausbreitung entgegen dem Luftwirbel und in Richtung Brennraummitte. Etwa 10 bis 20 °KW n.OT wird der gesamte Brennraum durch die Flamme ausgefüllt und die letzte sichtbare Flammenerscheinung tritt bei 80 bis 90 °KW n.OT auf [40]. Die Leuchtkraft der Flamme hat kurz nach OT (etwa 5—10 °KW n.OT) ihr Maximum und geht dann etwa linear mit dem Kurbelwinkel zurück. Als Flammengeschwindigkeiten sind in [40] für einen Luftwirbel von 11,5 m/s senkrecht zum Luftwirbel im Mittel 18 m/s und längs der Wand in Strömungsrichtung im Mittel 36 m/s angegeben.

2.63 Rußbildung

Die Rußbildung tritt im Dieselmotor in Zonen von Sauerstoffmangel auf. Über die chemischen Reaktionen, die zur Bildung von Ruß führen, besteht ebenfalls noch keine völlige Klarheit.

Karde [43] gibt an, daß bei Sauerstoffmangel das Radikal CC gebildet wird. Dieses Radikal setzt sich in festen Kohlenstoff um, wenn bei hoher Konzentration Mangel an Wasserdampf besteht. Auf diese Vorstellung gründet Meurer [1] seine Theorie einer langsamen Voroxydation, während der eine geeignete Umformung der Moleküle mit Bildung von Wasserdampf möglich ist, bevor eine vollständige Bildung von Kohlenstoff erfolgt.

Meurer sieht demnach den Grund für die Rußbildung nicht in der Gemischbildung, sondern im Wesen des Kraftstoffzerfalls.

Sokolik [22], [27] ist dagegen der Auffassung, daß eine Verhinderung der Rußbildung nur durch gleichmäßige Verteilung des zerstäubten Kraftstoffes, d. h. vollständige Gemischbildung im Brennraum möglich ist.

Einfluß auf die Rußbildung haben vor allem die Temperatur- und Druckverhältnisse. Erhöhte Temperatur bedingt eine stärkere Spaltung der Kohlenwasserstoffmoleküle und eine Zunahme der Rußbildung. Außerdem scheint eine Abhängigkeit vom C/H-Verhältnis und damit von der Kraftstoffart dahingehend zu bestehen, daß wasserstoffärmere Gemische die Rußbildung erhöhen. Meier zu Köcker [44] führt das auf die niedrigere Flammentemperatur wasserstoffärmerer Kraftstoffe zurück. Da diese nur in geringem Maße zur Spaltung der Kohlenwasserstoffe ausreicht, entstehen relativ große Rußteilchen, die nicht sofort verbrennen können.

Die gegenüber den anderen Dieselverbrennungsverfahren geringere Rußbildung beim M-Verfahren dürfte ihre Ursache in der Verdampfung des wandverteilten Kraftstoffes und seiner innigen Mischung mit der rotierenden Verbrennungsluft haben. Nach Sokolik [27] wird dabei eine gleichmäßige Verteilung der Hauptkraftstoffmenge auf das Brennraumvolumen erreicht. Das braucht die nach Meurer [1] notwendige langsame Voroxydation auf der Brennraumwand als wichtigen Faktor zur Rußverminderung nicht auszuschließen.

2.64 *Verbrennungsablauf (Brenngesetz)*

Wirtschaftlichkeit, Rußbildung und Verbrennungsgeräusch werden bei der motorischen Verbrennung von dem Gesetz bestimmt, nach dem vom Beginn der Verbrennung an Wärme frei wird (Brenngesetz).

Es bestehen für den Verbrennungsablauf zwei sich widersprechende Forderungen:

a) Die Verbrennung soll möglichst in der Nähe des oberen Totpunktes stattfinden, da dort infolge der hohen Temperaturen eine rasche Energieumwandlung möglich ist.

b) Die Wärmeentwicklung darf im Hinblick auf die Drucksteigerung, die ein Maß für die Triebwerksbeanspruchung und für das Verbrennungsgeräusch ist, zu Beginn der Verbrennung nicht zu groß sein.

Beide Forderungen könnten durch einen idealen Brenngesetzverlauf nach Abb. 16 [48] mit erträglichem Druckanstieg und günstigem Wirkungsgrad erfüllt werden. Dieser erwünschte Verlauf wird jedoch nur zum Teil in Ottomotoren annähernd erreicht, wogegen sich bei der Dieselverbrennung Brenngesetze nach Abb. 17 [48] ergeben, die der Forderung nach anfänglich geringer und dann fortlaufend steigender Wärmeentwicklung gerade entgegenlaufen.

Es muß also angestrebt werden, die Reaktionsgeschwindigkeit zu Beginn der Verbrennung herabzusetzen und zum Ende hin zu beschleunigen.

Eine Maßnahme zur Erzielung einer niedrigen Reaktionsgeschwindigkeit ist die Kleinhaltung des Zündverzuges. Die Möglichkeiten zur Beeinflussung des Zündverzuges in dieser Richtung wurden bereits im Abschnitt 2.32 dargestellt.

Weiterhin soll während des Zündverzuges wenig Kraftstoff eingespritzt werden, wobei nach Pischinger [23] eine Einspritzmenge während des Zündverzuges unter 5 mm^3 pro Liter Zylindervolumen einen kaum mehr hörbaren Verbrennungsstoß ergibt. Eine solche Steuerung des Verbrennungsablaufs durch das Einspritzgesetz ist jedoch bei schnellaufenden Motoren auch nur in beschränktem Umfange, und zwar durch Verwendung von Drosselzapfendüsen oder durch Stufeneinspritzung, möglich. Letztere Art der Einspritzung hat allerdings bisher noch keine Verbreitung gefunden.

Eine brauchbare Steuerung des Verbrennungsablaufs wird dagegen beim M-Verfahren gewährleistet.

Durch die Kleinhaltung der luftverteilten Kraftstoffmenge infolge Wandauftragung der Hauptkraftstoffmenge wird eine starke anfängliche Wärmeentwicklung verhindert und der Druckanstieg niedrig gehalten.

Ein etwas schwierigeres Problem als die Verringerung der Reaktionsgeschwindigkeit zu Beginn der Verbrennung stellt die anschließende Beschleunigung und der zeitige Abschluß der Verbrennung dar.

Für vollkommene Verbrennung ist nach [23] zunächst Bedingung, daß die Einspritzdauer nicht übermäßig groß ist und kein Nachspritzen auftritt. Bei großer Einspritzdauer wird das Durchspritzen durch brennende Zonen verstärkt, wodurch die Verbrennung schleppend wird. Daneben muß aber für eine zeitig beendete Verbrennung (sie soll nicht wesentlich länger als bis 40 °KW n.OT andauern) eine schnelle und intensive Mischung von Kraftstoff und Luft gewährleistet sein.

Günstig für eine intensive Mischung von Kraftstoff und Luft ist eine vor und während der Verbrennung anhaltende Luftbewegung. Auf diese Notwendigkeit wurde auch bereits in früheren Arbeiten [8], [11], [49], [50] hingewiesen.

Während beim Wirbelkammer- und Vorkammerverfahren die Luftgeschwindigkeit durch die Drosselquerschnitte an sich ziemlich hoch ist (nach PISCHINGER [23] maximal 250 bzw. 500—600 m/s), ergeben sich beim herkömmlichen Direkteinspritzverfahren nur geringe Luftgeschwindigkeiten (maximal 60 m/s). Deshalb müssen hier die gemischbildenden Eigenschaften der Einspritzdüse stärker genutzt werden. Es wurde jedoch bereits ausgeführt, daß die Verbesserung der Gemischbildung, gleich ob durch starke Luftbewegung oder durch die Düse, eine Vergrößerung der Wärmeentwicklung bei Verbrennungsbeginn bewirkt, die wiederum infolge verstärkten Kraftstoffzerfalls Nachbrennen und stärkere Rußbildung zur Folge hat.

Dieser Nachteil wurde erstmalig beim M-Verfahren praktisch ausgeschaltet. Durch eine starke, gerichtete Luftbewegung erfolgt die Mischung des von der Brennraumwand abdampfenden Kraftstoffes mit der Verbrennungsluft so schnell, daß die Verbrennung trotz anfänglicher Verzögerung der Aufbereitung und Mischung infolge der Wandauftragung rechtzeitig beendet wird, ohne einen stärkeren Druckanstieg bei Verbrennungsbeginn in Kauf nehmen zu müssen.

Dadurch vereinigt das M-Verfahren in sich die Vorzüge guten Kraftstoffverbrauches, geringer Rußbildung und niedrigem Verbrennungsgeräusch, wenn auch hierbei noch Kompromisse eingegangen werden mußten [1].

3. Praktische Versuche

Die Versuchsarbeit enthält zunächst an einem Serienmotor gewonnene Ergebnisse, die den Entwicklungsstand charakterisieren und Einblick in den Verbrennungsablauf geben. Anschließend wird über die Ermittlung einiger Einflußgrößen auf die Verbrennung berichtet. Es erfolgte eine Festlegung auf bestimmte Hauptprobleme, die vor allem die Beeinflussung der Verbrennung vom Einspritzsystem und von der Luftbewegung her beinhalten. Motorseitige Größen, wie Ventilsteuerzeiten, Verdichtung, Brennraumform wurden nicht verändert.

3.1 Versuchseinrichtungen

Die Untersuchungen erfolgten einmal an einem MAN-Sechszylinder-Dieselmotor, soweit sie ohne großen Arbeitsaufwand für Umbauten an diesem Motor möglich waren. Für den Hauptteil der Versuche standen zwei Einzylinder-Versuchsdieselmotoren zur Verfügung, die von Vorkammer- auf Direkteinspritzung umgebaut wurden (Zylinderkopf als Schweißkonstruktion ausgeführt).

Die Hauptdaten der Motoren enthält Tabelle 1.

Die Aufnahme von Indikatordiagrammen erfolgte mit Quarz-Druckgebern (Fabrikat Nier). Die Auswertung in Form von Brenngesetzen wurde nach Hinze [51] durchgeführt.

Die Abgastrübung wurde mit dem Bosch-Rauchgastester EFAW 65 gemessen, als Rauchgrenze wurden 5,5 Einheiten festgelegt.

Die Messung der Mengenverteilung im Kraftstoffstrahl erfolgte nach der in [52] beschriebenen Methode (s. Anhang).

Die hinsichtlich der Luftströmung erforderlichen Untersuchungen wurden an einem stationären Viertaktspülmodell-Prüfstand durchgeführt. Über den Prüfstandsaufbau und die Meßmethoden wurde in [36] berichtet (s. Anhang).

3.2 Verwendete Düsen

Bei den Untersuchungen fanden 2 verschiedene Düsenarten Verwendung; der Typ Bosch DLLA und der Typ Fischer & Spille SLLD. Letzterer mußte für verschiedene Untersuchungen verwendet werden, da ersterer zu dem betreffenden Zeitpunkt nicht verfügbar war.

Die beiden Düsenarten unterscheiden sich im Aufbau nach Abb. 18. Der grundsätzliche Unterschied besteht darin, daß es sich bei der Bosch-Düse um eine Kegelsitzdüse mit nahe den Düsenlöchern befindlichem Nadelsitz, bei der F & S-Düse um eine Flachsitzdüse mit oben befindlichem Nadelsitz handelt. Das Speicherraumverhältnis L/D beträgt 0,5 (Bosch-Düse) und 25 (F & S-Düse).

Während mit der Bosch-Düse einwandfreier Motorbetrieb vorhanden war, mußte für die F & S-Düse eine Düsenkühlung vorgesehen werden (Abb. 19), da bei normalem Düseneinbau infolge des großen Speicherraumes Verkokungserscheinungen in der langen Bohrung unter dem Nadelsitz und an der Austrittsbohrung auftraten, die während des Betriebes zu Verbrauchsverschlechterung und erhöhter Abgastemperatur führten (Abb. 20). Durch die Kühlung wurden diese Verkokungen soweit eingeschränkt, daß der Verbrauch mit der Betriebsdauer konstant blieb (Vergleichskurve in Abb. 20).

Die lange Bohrung zwischen Nadelsitz und Austrittsbohrung bei der F & S-Düse hat aber noch einen anderen Nachteil. Bei allen mit diesem Düsentyp gefahrenen Einspritzgesetzen (die Messung der Einspritzgesetze erfolgte am Zellenrad) ist im Gegensatz zur Bosch-Düse ein flacher Auslauf bei Einspritzende vorhanden (Beispiel Abb. 21). Er wird dadurch verursacht, daß nach Aufsitzen der Düsennadel ein Nachexpandieren des Kraftstoffes im Speicherraum erfolgt. (Das Speicherraumvolumen beträgt bei der F & S-Düse etwa 66 mm³ gegenüber etwa 3 mm³ bei der Bosch-Düse.)

Im Motorbetrieb kann das auf Grund der Temperaturverhältnisse dazu führen, daß der dadurch verzögerte Kraftstoffanteil z. T. in Zerfallsprodukte umgewandelt wird und damit z. T. für die Verbrennung verloren ist.

Grundsätzlich ist ein steiler Abfall des Einspritzgesetzes bei Einspritzende anzustreben, was vor allem durch möglichst kleinen Nadelhub und Leitungsentlastung bei Abschluß der Förderung erreicht werden kann. Für die beiden Einspritzgesetze in Abb. 21 kann von den vorhandenen Bedingungen des verwendeten Einspritzsystems her ein Abschluß etwa in Form der eingezeichneten Geraden erwartet werden. Die sich damit ergebenden Flächen

Tabelle 1

Kenngröße	Dimension	MAN D 1246 M2	1 NVD 14
Motor		Sechszylinder	Einzylinder
		— 4-Takt — Diesel —	
Brennraum		Hohlkugel in Kolbenmitte (Kühlung durch Anspritzen der Kolbenunterseite mit Öl)	
Hub H	mm	140	140
Bohrung B	mm	112	100
Hubvolumen			
Zylinder-V_h	dm³	1,379	1,099
Gesamt-V_H		8,276	1,099
Verdichtungsverhältnis		17	15,5
Steuerzeiten			
Einlaß öffnet	°KW v. OT	2	15
Einlaß schließt	°KW n. UT	25	34
Auslaß öffnet	°KW v. UT	40	42
Auslaß schließt	°KW	8 n. OT	1 v. OT
Zündfolge		1—5—3—6—2—4	
Schmierung		Druckumlauf	Druckumlauf
Kühlung		Pumpenumlauf	Pumpenumlauf
Einspritzpumpe		Bosch PE6A70B 412 RS 159/11	JFA DEP 2B S51 (ein Element stillgelegt)
Regler		Bosch RQ 200/975A 128d	JFA
Spritzversteller		Bosch EP/SA 450—1000 A 4 R1 (automatisch)	JFA 461 SV—14 (Handverstellung)
Druckventil		PVE 50 S5	64/1
Einspritzdüse		Bosch DLLA 27S50	Bosch DLLA und F&S SLLD
Öffnungsdruck $p_ö$	kp/cm²	175	175*)
Düsenhalter		Bosch KDL 8756/14	Bosch KDL 8756/14
Federkonstante C	kp/cm	205	205*)
Schirmwinkel des Einlaßventils	grd	120*)	120*)

*) wenn nicht anders angegeben

zwischen Gerade, Abszisse und dem flach verlaufenden Kurvenendstück stellen ein Vergleichsmaß für den infolge des Nachexpandierens mit stark verringerter Geschwindigkeit aus der Düse austretenden Kraftstoff dar. Für die F & S-Düse beträgt die der schraffierten Fläche entsprechende Menge etwa 3 mm³/Asp, das sind 6% der gesamten pro Arbeitsspiel eingespritzten Kraftstoffmenge, für die Bosch-Düse dagegen nur etwa 0,25 mm³/Asp, d. h. etwa 0,5% der Gesamtmenge.

Unter der Annahme, daß diese Kraftstoffmengen nicht an der Verbrennung teilnehmen, ergibt sich daraus für die F & S-Düse gegenüber der Bosch-Düse eine maximal zu erwartende Verbrauchserhöhung von etwa 5,5%. Abb. 22 zeigt die durch Motorversuche ermittelten Vergleichskurven der beiden Düsen. Es ergibt sich tatsächlich eine Verbrauchsdifferenz von 9 g/PSh bzw. eine Verbrauchserhöhung von etwa 4,5% bei der F & S-Düse.

Es ist also bei Vergleichen der später dargestellten Ergebnisse der schon durch die Düsenkonstruktion bedingte erhöhte Verbrauch bei dem F & S-Düsentyp und in Zusammenhang damit auch die geringere maximale Belastbarkeit zu beachten.

3.3 Verlustmitteldruck

Es soll zunächst ein Vergleich der beiden Motortypen hinsichtlich ihrer Verluste gezogen werden. Abb. 23 zeigt die im Schleppversuch gemessenen Verlustmitteldrücke. Sie sind für den Einzylinder-Versuchsmotor ziemlich hoch, was sich auf den Kraftstoffverbrauch entsprechend ungünstig auswirkt.

Vergleicht man allerdings den indizierten Kraftstoffverbrauch b_i beider Motoren, so ist im Bestpunkt des Kennfeldes praktisch kein Unterschied vorhanden, was auf gleichgute Verbrennung schließen läßt (Tabelle 2):

$$b_i = b_e \cdot \frac{p_e}{p_i}.$$

In dieser Formel ist $p_i = p_e + p_v$ gesetzt. Das ist nicht völlig exakt, da sich p_i nur aus p_i und p_r (Verluste durch mechanische Reibung) zusammensetzt. Dagegen sind in p_v noch die beim Schleppen auftretenden Gaswechsel- und Wärmeübergangsverluste (und bei Kammermotoren die Überschiebeverluste) enthalten, so daß durch die Formel nicht die wirklichen p_i- und b_i-Werte ermittelt werden. Für Vergleiche eines bestimmten Motors bzw. von ähnlichen Motoren ist die Näherung jedoch zulässig.

Tabelle 2

	n U/min	p_e kp/cm²	p_v kp/cm²	p_i kp/cm²	b_e g/PSh	b_i g/PS$_i$h
1 NVD 14	1200	5,0	2,5	7,5	195	130
MAN D 1246 M2	1200	6,5	1,7	8,2	165	131

Es soll darauf hingewiesen werden, daß in Versuchen auftretende Verbrauchsdifferenzen bei gleicher Einstellung zu verschiedenen Zeitpunkten ihre Ursache durchaus in Schwankungen des Verlustmitteldruckes haben können. Wo bei den Ergebnissen für Vergleiche die Notwendigkeit bestand, wurden unterschiedliche Verlustmitteldrücke durch entsprechende Korrekturen berücksichtigt (in den betreffenden Abbildungen wird darauf hingewiesen).

3.31 Einfluß des Schirmwinkels auf den Verlustmitteldruck

Aus Untersuchungen am MAN D 1246 M2 ergab sich, daß die Größe des Verlustmitteldrukkes relativ stark von der Drosselung des Ansaugquerschnittes durch den Ventilschirm abhängig ist. Abb. 24 zeigt die im Schleppversuch ermittelten Verluste bei Verwendung der serienmäßigen Schirmventile mit 120° Schirmwinkel und von schirmlosen Ventilen (die Abweichung der Werte für Schirmventil gegenüber Abb. 23 ist die Folge unterschiedlicher zur Anwendung gelangter Schmieröle). Es ist über dem gesamten Drehzahlbereich bei Schirmventilen eine Vergrößerung des Verlustmitteldruckes um etwa 9 bis 10% zu verzeichnen, bedingt durch die höheren Gaswechselverluste.

Legt man die erhaltene Differenz der Verlustmitteldrücke in erster Näherung auch für den Motorbetrieb zugrunde, so kann die allein dadurch bedingte Verbrauchserhöhung bei Verwendung von Schirmventilen unter der Voraussetzung gleichguter Verbrennung abgeschätzt werden.

Für $n = 1200$ U/min und $p_e = 6{,}5$ kp/cm² würde sich ergeben (vgl. Tabelle 2):

$p_{v\,120} = 1{,}7$ kp/cm², $\qquad p_{i\,120} = 8{,}2$ kp/cm²,

$p_{v\,0} \approx 0{,}9 \cdot 1{,}7 = 1{,}53$ kp/cm², $\qquad p_{i\,0} = 8{,}03$ kp/cm².

Unter der Annahme, daß b_i im p_i-Bereich von 8,03 bis 8,2 kp/cm² konstant bleibt, erhält man

$$\frac{b_{e120}}{b_{e0}} = \frac{p_{i120}}{p_{i0}} = 1{,}02 \,,$$

d. h. eine Verbrauchsdifferenz von etwa 2% bzw. 3 g/PSh im Verbrauchsoptimum.

Diese Verbrauchserhöhung muß bei Verwendung von 120°-Schirmventilen beim M-Verfahren durch Verbesserung der Verbrennung gegenüber der herkömmlichen Direkteinspritzung zunächst erst einmal ausgeglichen werden.

3.4 Entwicklungsstand eines nach dem M-Verfahren arbeitenden Serienmotors zu Beginn der vorliegenden Untersuchungen

3.41 Kennlinienfeld

Abb. 25 zeigt das Kennlinienfeld des 6-Zylindermotors MAN D 1246 M2 im Originalzustand, das etwa dem in [1] dargestellten entspricht. Auffallend ist der Bestverbrauch von 164 g/PSh und der Vollastverbrauch von 175 bis 190 g/PSh. Diese guten Verbrauchswerte sind allerdings mit auf den niedrigen Verlustmitteldruck des Motors zurückzuführen.

Der Anstieg der Vollastkurve unterhalb 700 U/min wird durch eine Startmehrfüllung erreicht.

Die im Kennlinienfeld mit eingezeichneten Abgastemperaturen wurden am Zylinder 3 gemessen. Zwischen den Abgastemperaturen der einzelnen Zylinder traten Unterschiede auf, die auf den Lüftereinfluß und die Anordnung des Abgassammelrohres zurückzuführen sind (Abb. 26). Im Fahrzeug sind die Unterschiede geringer, da dort die Abgasleitung gegenüber dem Prüfstand um 180° gedreht ist, so daß das Sammelrohr zwischen Zylinder 4 und 5 liegt. Auf Grund von Ergebnissen in [53] ist anzunehmen, daß bei der Anordnung im Fahrzeug die einzelnen Zylinder gleichwertiger arbeiten, wodurch der spezifische Kraftstoffverbrauch noch etwas niedriger als im dargestellten Kennlinienfeld sein kann.

3.42 Förderbeginn

Abb. 27 zeigt das Kennlinienfeld mit den Linien konstanten Förderbeginns. Die Drehzahlabhängigkeit wird durch einen automatischen Spritzversteller und die Belastungsabhängigkeit durch eine oben liegende Steuerkante an den Pumpenkolben erreicht.

Es wurde untersucht, inwieweit mit der Boschpumpe und automatischem Spritzversteller eine Optimalverstellung des Förderbeginns im Betriebsbereich erfolgt. Dazu wurde eine JFA-A-Pumpe mit Handspritzversteller angebaut. Das Ergebnis für verschiedene Betriebspunkte zeigt Abb. 28. Zeichnet man den Förderbeginnbereich für $b_e < 1{,}01 \cdot b_{e\min}$ ein, so liegt der Verstellpunkt der Boschpumpe lediglich bei $n = 600$ U/min und $p_e = 8$ kp/cm², d. h. dort wo die Startmehrfüllung erfolgt, außerhalb dieses Bereiches.

In Abb. 29 sind für jeweils minimalen Verbrauch Förderbeginn, Einspritzbeginn und Einspritzende (ermittelt aus aufgenommenen Einspritzgesetzen) in Abhängigkeit von Belastung und Drehzahl aufgetragen.

Mit steigender Belastung verschiebt sich der Einspritzbeginn nach früher. Dagegen bleibt das Einspritzende nahezu konstant. Letzteres ist dadurch bedingt, daß für den zuletzt eingespritzten Kraftstoff stets etwa gleiche Bedingungen hinsichtlich Wandabdampfung und Vermischung mit der rotierenden Luft vorhanden sind. Dadurch wird die Verbrennung stets etwa zum gleichen Zeitpunkt beendet. Es muß damit aber in Kauf genommen werden, daß infolge der früheren Einspritzung der Zündverzug etwas größer wird. Das ergibt wiederum eine etwas größere zur Zündung gelangende luftverteilte Kraftstoffmenge und etwas stärkeres Verbrennungsgeräusch.

Mit Vergrößerung der Drehzahl verschiebt sich der Einspritzbeginn ebenfalls nach früher. Das Einspritzende liegt mit steigender Drehzahl später. Infolge der mit der Drehzahl wachsenden Luftgeschwindigkeit wird die Vermischung des von der Wand abdampfenden Kraftstoffes beschleunigt und die Verbrennung auch bei länger dauernder Einspritzung bei höheren Drehzahlen rechtzeitig beendet. Darin liegt ein Vorteil von Motoren mit starker Luftdrehung, da durch das mögliche Späterlegen des Einspritzendes mit steigender Drehzahl die nachteilige Wirkung eines früheren Einspritzbeginns (größerer Zündverzug, stärkeres Geräusch) bis zu einem gewissen Grad eingeschränkt werden kann.

3.43 Verbrennungsablauf

Um einen Einblick in den Verbrennungsablauf beim M-Verfahren zu erhalten, wurden in verschiedenen Betriebspunkten Indikatordiagramme aufgenommen und in Form von Brenngesetzen ausgewertet. Abb. 30 und 31 zeigen die Brenngesetze für verschiedene Belastungen bei $n = 1200$ U/min und für verschiedene Drehzahlen bei Vollast.

Die maximale Wärmeentwicklungsgeschwindigkeit tritt bei den untersuchten Drehzahlen kurz vor OT auf. Ihr Absolutwert steigt mit der Drehzahl an. Der Verlauf der Wärmeentwicklung nach OT ist für alle Drehzahlen praktisch der gleiche. ebenso ändert sich das Verbrennungsende praktisch nicht. Aus letzterem ergibt sich, daß mit steigender Drehzahl die Verbrennungszeit in Sekunden kleiner wird (Abb. 32). Diese Beschleunigung der Verbrennung wird durch die gerichtete Luftbewegung hervorgerufen, da durch die mit der Drehzahl etwa proportional ansteigende Intensität der Luftbewegung die Gemischbildung entsprechend verbessert wird.

Das läßt den Schluß zu, daß es beim M-Verfahren von der Verbrennung her ohne weiteres möglich ist, hohe Drehzahlen zu erreichen.

Aus den Brenngesetzen für unterschiedliche Belastung ist zu erkennen, daß die maximale Wärmeentwicklungsgeschwindigkeit mit steigender Belastung ebenfalls ansteigt. Das ist bedingt durch den mit größerer Einspritzmenge größer werdendem luftverteilten Kraftstoffanteil und durch die früher einsetzende Abdampfung und Vermischung des wandverteilten Kraftstoffes. Der Verlauf nach OT zeigt, daß vor allem bei großen Einspritzmengen (hohe Belastung) im Bereich bis etwa 30 °KW n. OT die Verbrennung noch sehr stark intensiviert wird, ohne daß durch verstärkte Bildung von Zerfallsprodukten die Verbrennung unvollkommen und ihr Ende hinausgezögert wird. Das ist auch der Grund für den guten Vollastverbrauch beim M-Verfahren. Abb. 33 zeigt für $n = 1200$ U/min den indizierten Verbrauch über dem indizierten Mitteldruck einiger Motoren vergleichbarer Größe. Daraus ist ersichtlich, daß mit steigender Belastung die Motoren mit M-Verfahren den anderen überlegen sind. Vergleicht man den Verbrennungsablauf mit dem anderer Dieselverfahren nach Abb. 17, so ergibt sich als wesentliches Merkmal der um etwa 30 °KW früher liegende Abschluß der Verbrennung beim M-Verfahren. Dazu ist die Wärmeentwicklung im Bereich nach OT höher und die Verbrennung intensiver. In dieser Hinsicht liegt allerdings auch das Vorkammerverfahren günstig, da dort ebenfalls hohe Luftgeschwindigkeiten (nach [23] maximal 500 bis 600 m/s gegenüber 60 m/s bei der herkömmlichen Direkteinspritzung) zur Beschleunigung der Gemischbildung vorhanden sind.

Meurer [1] führt an, daß der Verbrennungsablauf beim M-Verfahren dem eines Ottomotors ähnelt. Das wurde durch die ermittelten Brenngesetze nicht bestätigt, wenn auch eine gewisse Verschiebung in dieser Richtung vorliegt (Abb. 34). Beim Ottomotor ist nach Ergebnissen in [54] vor allem für kleinere Drehzahlen eine gute Annäherung an den erwünschten Verlauf insofern vorhanden, als nach OT noch ein starker Anstieg der Wärmeentwicklung auftritt und das Verbrennungsende schon bei etwa 20 bis 25 °KW n. OT (M-Verfahren 50 bis 60 °KW n. OT) liegt.

3.44 Vergleich verschiedener Kenngrößen bei verschiedenen Betriebspunkten

In Abb. 35 sind neben dem spezifischen Kraftstoffverbrauch einige Kennwerte in Abhängigkeit von Drehzahl und Belastung aufgetragen. Daraus ist folgendes zu erkennen:

a) Der Einspritzbeginn liegt mit steigender Belastung und steigender Drehzahl früher.

b) Das Einspritzende bleibt für unterschiedliche Belastungen etwa konstant und verschiebt sich mit steigender Drehzahl nach später.

c) Der Verbrennungsbeginn (als Knick im Druckverlauf definiert) liegt mit wachsender Belastung und fallender Drehzahl früher.

d) Der Zündverzug vergrößert sich mit steigender Belastung geringfügig, bedingt durch die geringere Dichte bei früherer Einspritzung.

Mit steigender Drehzahl vergrößert er sich (in °KW) beträchtlich, jedoch ändert sich die Zündverzugszeit in Sekunden weniger stark. Abb. 36 zeigt die Zündverzüge der einzelnen Betriebspunkte in Abhängigkeit von der jeweiligen Dichte bei Einspritzbeginn.

e) Der Verbrennungshöchstdruck steigt mit wachsender Belastung und mit steigender Drehzahl. Lediglich bei $n = 600$ U/min ist gegenüber höherer Drehzahl wieder ein leichter Anstieg zu erkennen. Dieser Anstieg ist durch die dort eingespritzte vergrößerte Vollastkraftstoffmenge bedingt.

Schmidt [12] hat für verschiedene Dieselverbrennungsverfahren bei $n \approx 1500$ U/min und $p_e \approx 6$ kp/cm² die Druckverläufe im Brennraum bestimmt und folgende maximale Verbrennungsdrücke erreicht:

Vorkammer — Motor	$p_{max} = 55$ kp/cm²,
Wirbelkammer — Motor	$= 58$ kp/cm²,
Direkteinspritz — Motor	$= 78$ kp/cm².

Dem gegenüber liegt beim MAN-M-Motor für den gleichen Betriebspunkt p_{max} bei etwa 65 kp/cm², d. h. also zwar noch etwas höher als bei Kammermotoren, aber gegenüber der herkömmlichen Direkteinspritzung doch um etwa 17% niedriger. Das wirkt sich günstig auf die Triebwerkbeanspruchung aus.

f) Die Lage des Druckmaximums ändert sich mit Belastung und Drehzahl praktisch nicht.

g) Die Maxima der ersten und zweiten Ableitung des Druckes, die ein gewisses Maß für das Verbrennungsgeräusch darstellen, steigen mit der Belastung und mit der Drehzahl an. Dabei ist im Gegensatz zu [1] mit der Belastung ein stärkerer Anstieg zu verzeichnen. Nach List [48] soll der Druckanstieg 2 at/°KW nicht wesentlich übersteigen. Das trifft beim M-Verfahren nur bei niedrigen Belastungen bzw. niedrigen Drehzahlen zu. In [55] sind für einige Vielstoffmotoren die Druckanstiegswerte angegeben, die als Vergleich herangezogen werden sollen: MWM (Vorkammer) 1,8 at/°KW bei $p_e = 6$ kp/cm² und $n = 2000$ U/min, Daimler-Benz (Vorkammer) 3÷4 at/°KW bei p_e 6,2 kp/cm² und $n = 2000$ U/min, Deutz (Wirbelkammer) 2 at/°KW bei $p_e = 5{,}87$ kp/cm² und $n = 2300$ U/min.

Aus [1] ergibt sich für den MAN-M-Motor der Wert von etwa 4 at/°KW bei $p_e = 6$ kp/cm² und $n = 1900$ U/min.

Aus den eigenen Versuchen wurde für einen Vergleichspunkt bei $p_e = 6$ kp/cm² und $n = 2000$ U/min ebenfalls ein Wert von etwa 4 at/°KW gefunden.

Man erkennt, daß die Werte vom M-Verfahren denen von Kammermotoren nahe kommen. Leider konnten keine Vergleichswerte von Direkteinspritzmotoren ohne zusätzliche Luftbewegung gefunden werden. Für Motoren mit herkömmlicher Direkteinspritzung und zusätzlicher, gerichteter Luftbewegung liegen die Werte etwa in der Gegend der beim M-Verfahren. In [56] werden für einen solchen Motor von Daimler-Benz etwa 4,3 at/°KW bei $p_e = 6$ kp/cm² und $n = 2000$ U/min angegeben.

h) Das Maximum der Wärmeentwicklung verschiebt sich mit steigender Belastung in Richtung vor OT. Über der Drehzahl bleibt die Lage etwa die gleiche, lediglich bei $n = 600$ U/min liegt das Maximum infolge der dort veränderten Bedingungen (Startmehrfüllung) etwas früher.

i) Die maximale Wärmeentwicklung selbst steigt mit der Belastung und der Drehzahl an.

3.5 Kraftstoffeinspritzung

3.51 Einfluß des Förderbeginns

Ein Merkmal des M-Verfahrens ist die z. T. relativ geringe Empfindlichkeit gegenüber Förderbeginnänderung. Abb. 37 zeigt den Kurbelwinkelbereich für einen Verbrauchsanstieg von 1% des minimalen Verbrauches beiderseits des Optimums in Abhängigkeit von Belastung und Drehzahl.

Danach wird die Empfindlichkeit mit kleinerer Belastung und steigender Drehzahl geringer.

In diesem Zusammenhang soll auf zwei sich daraus ergebende Möglichkeiten hingewiesen werden, sofern auf das absolute Verbrauchsminimum verzichtet wird.

a) Es ist unter Umständen möglich, im gesamten Betriebsbereich mit konstantem Förderbeginn zu arbeiten. Dadurch kann auf Regeleinrichtungen (Spritzversteller, Steuerkante am Pumpenelementkolben) verzichtet werden.

Nach Abb. 28 liegt man z. B. beim MAN D 1246 M2 mit einem konstanten Förderbeginn von 34 °KW v. OT in allen Betriebspunkten (außer $n = 600$ U/min; $p_e = 8$ kp/cm²) in den Bereichen für $b_e < 1{,}01 \cdot b_e$.

b) Bei Verwendung einer Förderbeginnverstellung kann diese so ausgelegt werden, daß die Verstellpunkte an die Grenze der Kurbelwinkelbereiche für $1{,}01 \cdot b_{e\min}$ zu späterer Einspritzung hin verlegt werden. Damit kann der Zündverzug etwas verkürzt und das Verbrennungsgeräusch etwas verringert werden.

In Abb. 38 sind für 3 Förderbeginne die Einspritz- und Brenngesetze sowie die Verbrauchs-, Zündverzugs- und Druckanstiegswerte für den 1 NVD 14 dargestellt.

Vom Verbrauchsoptimum ausgehend vergrößert sich mit früherer Einspritzung der Zündverzug infolge der geringeren Dichte und Temperatur im Motor. Das schafft jedoch keinen Ausgleich hinsichtlich konstantbleibendem Verbrennungsbeginn. Die Verbrennung beginnt ebenfalls früher. Die Vergrößerung des Zündverzuges bedingt zum einen eine größere primäre luftverteilte Kraftstoffmenge und zum anderen eine bis zur Zündung weiter fortgeschrittene Aufbereitung des anfangs wandverteilten Kraftstoffes. Das ergibt nach Einsetzen der Zündung eine größere anfängliche Wärmeentwicklung. Sie erfolgt weiter vor dem oberen Totpunkt, was stärkeren Druckanstieg und höheren Verbrennungsdruck bewirkt. Der Kolben wird praktisch noch in der letzten Phase der Aufwärtsbewegung von einem hohen Verbrennungsdruck beaufschlagt, wodurch der Wirkungsgrad herabgesetzt wird. Durch die anfänglich stark steigenden Temperaturen wird vermutlich die Bildung von Zerfallsprodukten begünstigt. Deren Umwandlung läßt die Verbrennung zum Ende hin träger verlaufen und länger andauern.

Bei Späterlegen der Einspritzung verringert sich der Zündverzug und die Verbrennung beginnt später. Die kleinere luftverteilte Kraftstoffmenge bedingt eine geringere anfängliche Wärmeentwicklung und einen kleineren Druckanstieg. Durch die spätere Einspritzung erfolgt aber auch die thermische Aufbereitung des wandverteilten Kraftstoffes später und infolge der geringeren Temperaturen langsamer. Das führt zu einer Verlängerung der Verbrennung mit sinkendem Wirkungsgrad.

In Abb. 39 ist die Änderung des Zündverzuges mit der Dichte der Luft im Brennraum bei Einspritzbeginn dargestellt. Die Zündverzugswerte stimmen etwa mit den in [18] (Vergleichskurve) ermittelten überein.

3.52 Einfluß der Einspritzgesetzform

Aus dem Hauptmerkmal des M-Verfahrens, der Wandauftragung des größten Kraftstoffanteils, konnte eine gewisse Unempfindlichkeit gegenüber dem zeitlichen Verlauf der Kraftstoffeinspritzung erwartet werden. Das bestätigt Abb. 40, die fünf unterschiedliche Einspritzgesetze in ihrer Lage zum OT für jeweils optimalen Förderbeginn zeigt. Die zugehörigen Verbrauchswerte lassen erkennen, daß die Güte der Verbrennung durch die verschiedenen Formen praktisch nicht beeinflußt wird.

Eine gewisse Beeinflussung der Verbrennung durch unterschiedliche Einspritzgesetzformen tritt nur insofern auf, als mit Verringerung der in der ersten Phase pro Grad Kurbelwinkel eingespritzten Kraftstoffmenge die anfängliche Wärmeentwicklung etwas geringer wird (Abb. 41). Das wird durch die anfangs geringere luftverteilte Kraftstoffmenge verursacht. Wie Abb. 41 zeigt, bleibt der weitere Verbrennungsablauf dann etwa der gleiche, was sich auch in gleichbleibendem Verbrauch äußerte.

3.53 Einfluß der Einspritzdauer

Es wurden zunächst Versuche mit einer Einlochdüse vom Typ F&S SLLD mit einem Strahlrichtungswinkel von $\alpha = 32°$ durchgeführt. Die unterschiedlichen Einspritzgesetze wurden durch unterschiedliche Pumpennocken und durch Variation von Düsenöffnungsdruck und Federkonstante der Düsenfeder erzielt. Wie Abb. 42 zeigt, ändert sich die Mengenverteilung im Kraftstoffstrahl bzw. die Strahlauflockerung für die unterschiedlichen Einspritzgesetze praktisch nicht. Der mittlere Strahlwinkel γ, der als Maß für die Strahlauflockerung dient (Ermittlung von γ s. [52] und Anhang), beträgt etwa 8,5°.

Die Einspritzgesetze für konstante Fördermenge ($q \approx 50$ mm³/Asp) zeigt Abb. 43 in ihrer Lage zum OT für jeweils optimalen Förderbeginn. In Abb. 44 (ausgezogene Kurve) ist der zugehörige Verlauf von Einspritzbeginn und -ende, des spezifischen Kraftstoffverbrauches und der maximalen Belastbarkeit über der Einspritzdauer dargestellt. Während dabei der Verbrauch über der Einspritzdauer für eine Einspritzmenge von jeweils 50 mm³/Asp aufgetragen wurde, erfolgte die Auftragung des effektiven Mitteldruckes über der sich an der Rauchgrenze jeweils ergebenden Einspritzdauer.

Aus mehreren Versuchen wurde für das untersuchte Einspritzsystem ein Zusammenhang zwischen der Einspritzdauer für 50 mm³/Asp und der einer beliebigen Menge mit

$$ED_q = (1 + V \cdot \Delta q) \cdot ED_{50}$$

gefunden.

ED_q = Einspritzdauer einer beliebigen Menge q.
ED_{50} = Einspritzdauer einer Menge von 50 mm³/Asp.
$\Delta q = q - 50$ [mm³/Asp].
V = Aus Versuchsergebnissen ermittelter Faktor in $-\frac{1}{\text{mm}^3/\text{Asp}}-$ in Abb. 45 dargestellt.

Mit Hilfe dieser Beziehung konnte die jeweilige Einspritzdauer an der Rauchgrenze mit genügender Genauigkeit ermittelt werden.

Nach Abb. 44 verlagert sich mit größerer Einspritzdauer der Einspritzbeginn etwa in dem Maße nach früh wie das Einspritzende nach spät. Verbrauchsmäßig ergibt sich ein Optimum bei einer Einspritzdauer von etwa 35 bis 40 °KW. Dagegen liegt das Maximum der Belastbarkeit (Rauchgrenze) bei einer Einspritzdauer von etwa 30 °KW.

Um den Einfluß der Strahlauflockerung zu erhalten, wurden noch entsprechende Versuche mit einer Bosch-Einlochdüse vom Typ DLLA ($\gamma \approx 12{,}5°$) und mit der Bosch-Zweilochdüse DLLA 27S50 ($\gamma \approx 14°$) durchgeführt. (Mengenverteilung im Strahl Abb. 46, Einspritzgesetze Abb. 47 und 48). Mit der Einlochdüse war es dabei nicht möglich, längere Einspritzgesetze zu erhalten.

Durch Aufnahme von Indikatordiagrammen wurde für die 3 untersuchten Düsen der Verbrennungsbeginn und der Zündverzug in Abhängigkeit von der Einspritzdauer ermittelt.

Insgesamt ergeben sich aus den erhaltenen Ergebnissen folgende Erkenntnisse:

a) Der optimale Verbrennungsbeginn (Abb. 49) bleibt für unterschiedliche Strahlauflockerung (vgl. Abb. 42 u. 46) bei gleicher Einspritzdauer konstant. Das bedeutet, daß die unterschiedlichen Bedingungen zu Beginn bzw. in der ersten Phase der Verbrennung für den zeitlichen Ablauf der Verbrennung von untergeordneter Bedeutung sind. Dieser wird vielmehr von der Intensität der Luftbewegung maßgebend beeinflußt, die bei den vorliegenden Untersuchungen die gleiche blieb und somit den konstanten Verbrennungsbeginn hervorruft.

Mit Vergrößerung der Einspritzdauer wird der Verbrennungsbeginn nach früher verlegt. Das ist erforderlich, weil infolge der länger andauernden Einspritzung und Aufbereitung des Kraftstoffes die Dauer der Verbrennung verlängert wird. Für konstante Luftwirbelintensität wird dabei der Verschiebung des Verbrennungsendes weiter in den Expansionshub in gewissem Grade dadurch begegnet, daß die Verbrennung früher beginnt.

b) Der optimale Einspritzbeginn verschiebt sich auf Grund der notwendigen Vorverlegung des Verbrennungsbeginns mit der Einspritzdauer ebenfalls nach früh (Abb. 44). Außerdem erfolgt für konstante Einspritzdauer eine Vorverlegung mit größer werdender Strahlauflockerung. Das ist darauf zurückzuführen, daß mit sinkender Kraftstoffkonzentration pro Flächenteil (entsprechend größerer Auflockerung) die Durchkühlung des wandverteilten Kraftstoffes stärker ist und somit ein längerer Zeitraum bis zur Aufbereitung und Abdampfung erforderlich ist.

c) Aus a) und b) kann die Abhängigkeit des Zündverzuges von den untersuchten Größen ermittelt werden. Es erfolgt mit Vergrößerung der Einspritzdauer eine Vergrößerung des Zündverzuges. Da der Zündverzug aber von der dabei auftretenden Verschiebung des Einspritzbeginns und der zugehörigen Luftdichte abhängig ist, erscheint die Darstellung dieses Zusammenhanges zweckmäßiger (Abb. 50). Während die Vergrößerung des Zündverzuges mit früher erfolgender Einspritzung durch die Verringerung der Luftdichte hervorgerufen wird, hat die sich ergebende Vergrößerung des Zündverzuges mit zunehmender Strahlauflockerung eine andere Ursache.

Mit größerer flächenmäßiger Ausbreitung des wandverteilten Kraftstoffes erfolgt eine stärkere Durchkühlung der Kraftstoffschicht. Die beim Verbrennen einer kleinen, anfangs luftverteilten Teilmenge freiwerdende Wärme wird deshalb in stärkerem Maße für die Aufheizung verbraucht. Damit wird aber auch das Einsetzen der eigentlichen Verbrennung mit starkem anfänglichen Druckanstieg stärker verzögert.

An dieser Stelle soll erwähnt werden, daß es bei Verbrennung einer kleinen Anfangsmenge und noch fehlender Bereitschaft weiteren Kraftstoffluftgemisches durchaus bereits zu einer exothermen Reaktion kommen kann, ohne daß das im Indikatordiagramm zu erkennen ist. Das ist in der Definition des Zündverzuges als der Zeit bis zum merkbaren Anstieg des Druckes (Knick im Druckverlauf) begründet. Wie Abb. 51 schematisch zeigt, ist eine schon einige Grad Kurbelwinkel vor dem Knick beginnende geringe Abweichung des Druckverlaufes von der Verdichtungslinie vielfach nicht feststellbar.

d) Das Verbrauchsoptimum verschiebt sich mit steigender Strahlauflockerung sowie mit Vergrößerung der Strahlzahl zu kleinerer Einspritzdauer (Bosch-Einlochdüse $ED_{opt} \approx 30$ bis 35 °KW; Bosch-Zweilochdüse ≈ 20 bis 25 °KW) (Abb. 44).

Es scheint demnach ein Zusammenhang zwischen der Größe der mit Kraftstoff bedeckten Wandfläche und der in einem vergleichbaren Zeitraum — etwa während des Zündverzuges — eingespritzten Kraftstoffmenge zu bestehen. Diese beiden Parameter ergeben sich in ihrer Größe jeweils so, daß zu einem bestimmten Zeitpunkt stets gleiche Kraftstoffkonzentration pro Flächenteil und damit gleiche Verhältnisse hinsichtlich Aufbereitung und Abdampfung des anfangs wandverteilten Kraftstoffes vorliegen. Hat die Verbrennung dann erst eingesetzt, so dürfte durch die starke Beschleunigung der Umsetzung die Kraftstoffkonzentration pro Flächenteil keinen wesentlichen Einfluß mehr haben.

Interessant ist in diesem Zusammenhang, daß sich für alle drei untersuchten Düsen für das jeweilige Verbrauchsoptimum stets etwa der gleiche Einspritzbeginn ergibt.

e) Die maximale Belastbarkeit verschiebt sich ebenfalls mit größerer Strahlauflockerung zu kleinerer Einspritzdauer. Dabei scheint mit Vergrößerung der Auflockerung der maximal erreichbare Mitteldruck einen größeren Wert anzunehmen. Das ist auch zu erwarten, da mit flächenmäßig größerer Ausbreitung des Kraftstoffes auf der Brennraumwand im Verlaufe der Verbrennung die Bildung von Zerfallsprodukten, die zu Ruß führen, durch die stärkere Kühlwirkung an der Kraftstoffoberfläche stärker eingeschränkt werden.

Die große Differenz zwischen der maximalen Belastbarkeit der Bosch- und der F&S-Einlochdüse kann allerdings nicht allein darauf zurückgeführt werden. Sie ist vermutlich mit dadurch bedingt, daß der Kraftstoff bei der F&S-Düse in der langen Bohrung zwischen Nadelsitz und Düsenaustrittsbohrung schon vor Austritt aus der Düse stärker aufgeheizt wird. Dadurch kann die Bildung von Zerfallsprodukten und Ruß begünstigt werden.

3.54 Lage des Einspritzgesetzes zum OT

Im vorigen Abschnitt wurde dargelegt, daß sich mit Vergrößerung der Einspritzdauer sowohl der Einspritzbeginn nach früh als auch das Einspritzende nach spät verschiebt. Trägt man für die einzelnen Einspritzgesetze die jeweils zu einem Zeitpunkt in den Brennraum eingespritzte Kraftstoffmenge in Prozent der Gesamteinspritzmenge über der Kurbelstellung auf (Abb. 52 für die F&S-Einlochdüse, Abb. 53 für die Bosch-Zweilochdüse), so ergibt sich, daß unabhängig von der Einspritzdauer bei einer bestimmten Kurbelstellung stets etwa die Hälfte der gesamten Kraftstoffmenge in den Brennraum gelangt ist. Dieser mit α_{50} [°KW v. OT] bezeichnete Zeitpunkt ist jedoch, wie ein Vergleich der Abbildungen 52 und 53 zeigt, abhängig von der verwendeten Düse. In Abb. 54 wurde für 4 Düsen mit unterschiedlicher Strahlauflockerung und gleicher Einspritzdauer die in Balkenform angegebene Lage der Einspritzung zum OT und in Abb. 55 die zugehörigen α_{50}-Werte über dem mittleren Strahlwinkel dargestellt.

Man erhält damit eine lineare Abhängigkeit der Einspritzgesetzlage von der Strahlauflockerung und zwar unabhängig von der Strahlzahl. Als Ursache für die mit größer werdender Strahlauflockerung frühere Einspritzung wurde bereits im vorigen Abschnitt die unterschiedliche Beschleunigung der Wandabdampfung des Kraftstoffes angegeben.

3.55 Zwischenbilanz

Bei der Anpassung des Einspritzsystems sind folgende Punkte zu beachten:

a) Die Empfindlichkeit gegenüber Förderbeginnänderung und der Einfluß unterschiedlicher Einspritzgesetzformen ist gering.

b) Es existiert eine optimale Einspritzdauer, abhängig von der Strahlauflockerung.

c) Für unterschiedliche Strahlauflockerung ergibt sich bei jeweils optimaler Einspritzdauer stets gleicher Einspritzbeginn.

d) Der Verbrennungsbeginn ist für unterschiedliche Strahlauflockerung gleich, er verändert sich aber mit der Einspritzdauer.

e) Die Lage des Einspritzgesetzes zum OT ist von der Strahlauflockerung linear abhängig.

3.6 Strahllage, freie Strahllänge und Strahlauflockerung

3.61 Einfluß unterschiedlicher Strahllagen

Es wurden zunächst Untersuchungen am Original-MAN-M-Motor durchgeführt. Die Einspritzdüse (Zweilochdüse Bosch DLLA 27S50) wurde aus der Originallage ($\beta = 0°$) heraus um je 30° nach beiden Seiten verdreht. Eine weitere Verdrehung war auf Grund der Ausbildung des Zylinderkopfes nicht möglich. Eine Verdrehung in Uhrzeigerrichtung (Strahlen mehr zur Wand hin) wird als positiv, eine Verdrehung im Gegenuhrzeigersinn (Strahlen mehr in Richtung Brennraummitte) als negativ bezeichnet.

Abb. 56 zeigt für die 3 untersuchten Stellungen die Strahllagen im Brennraum. Die Ermittlung der Strahllagen erfolgte für eine Kolbenstellung für α °KW nach Einspritzbeginn. Diese Verschiebung α gegenüber Einspritzbeginn entspricht der Zeit, die bis zum Auftreffen des Strahls auf die Brennraumwand verstreicht. Der jeweilige α-Wert wurde aus den Ergebnissen von Böttger [3] über Strahlweg und -geschwindigkeit für die entsprechende Strahllänge entnommen (vgl. Abb. 72). Z. B. ergab sich für $\beta = 0°$ und eine freie Strahllänge von etwa 40 mm eine Verschiebung von $\alpha \approx 6$ °KW gegenüber Einspritzbeginn. In der Draufsicht in Abb. 56 sind die Durchdringungsflächen der Kraftstoffstrahlen in der Kolbenbodenebene eingezeichnet. Daraus ist ersichtlich, daß es in keinem Fall zu einem Überspritzen der oberen Brennraumkante kommt, wie das nach [3] schon bei einer Verdrehung der Düsen um 15° zur Wand hin geschehen sollte. Bei einer Düsenverdrehung ändern sich neben der Strahllage auch die freien Strahllängen $L_{f1,2}$ (Abstand zwischen Düsenaustritt und Auftreffstelle auf der Brennraumwand) und die Auftreffwinkel $\tau_{1,2}$ (Winkel zwischen Strahlachse und Tangente an Brennraumwand). Demzufolge kann der Einfluß beider Größen nicht getrennt betrachtet werden. Da die anfangs luftverteilte Kraftstoffmenge im Zusammenhang mit der freien Strahllänge steht, wurde letztere als eine der Bewertungsgrößen herangezogen. Abb. 57 zeigt den Verlauf verschiedener Kenngrößen in Abhängigkeit vom Mittelwert der freien Strahllängen beider Strahlen für $p_e = 6{,}5$ kp/cm² und $n = 1200$ U/min. Zunächst kann folgendes festgestellt werden:

a) Der spezifische Kraftstoffverbrauch für jeweils optimalen Einspritzbeginn hat sein Minimum bei einer mittleren freien Strahllänge von 41 mm, wobei das Verhältnis beider Strahlen 1 beträgt.

b) Die Abgastemperatur bleibt etwa konstant (Differenz im untersuchten Bereich nur ≈ 20 °C).

c) Der optimale Einspritzbeginn *EB* verschiebt sich mit größerer freier Strahllänge nach früh.

d) Der Verbrennungsbeginn *VB* (er wird hier als Stelle des Knickes im Druckverlauf definiert) verschiebt sich mit größerer freier Strahllänge ebenfalls nach früh.

e) Der Zündverzug (Zeit zwischen Einspritzbeginn *EB* und Verbrennungsbeginn *VB*) vergrößert sich mit größerer freier Strahllänge etwas (Differenz im untersuchten Bereich etwa 1,5 °KW). Diese Differenz ergibt sich aus der unterschiedlichen Dichte und Temperatur im Brennraum bei Einspritzbeginn (vgl. Abb. 36).

3.611 Verbrennungsablauf

Um einen Einblick in den für die verschiedenen Strahllagen unterschiedlichen Verbrennungsablauf zu erhalten, wurden für die Strahllagen $\beta = +30°/0°/-30°$ Indikatordiagramme aufgenommen und nach [41] in Form von Brenngesetzen ausgewertet. Diese sind zusammen mit dem Druckverlauf und der Lage des Einspritzgesetzes in Abb. 58 aufgetragen.

Das mittlere Teilbild zeigt den Verlauf bei minimalem Kraftstoffverbrauch und damit höchstem Wirkungsgrad.

Die Wärmeentwicklung im OT-Bereich ist groß und die Verbrennung ist schon ziemlich früh ohne Auftreten einer Nachverbrennung abgeschlossen.

Bei größerer freier Strahllänge (Spritzen in Richtung Brennraummitte) ist ein früherer Einspritzbeginn notwendig, bedingt durch die wandverteilte Kraftstoffmenge. Der Weg bis zur Brennraumwand wird größer, wodurch eine längere Zeit verstreicht, bis der Kraftstoff auf der Brennraumwand ausgebreitet ist. Eine weitere Verzögerung erfolgt durch die stärkere Umlenkung beim Auftreffen auf der Wand infolge des größeren Auftreffwinkels (linke Teilbilder in Abb. 58). Diese Verschiebung wird durch das frühere Einspritzen ausgeglichen. Die Folge von letzterem ist jedoch auch eine Vorverlegung des durch die luftverteilte Menge eingeleiteten Verbrennungsbeginns, da der Zündverzug sich nur wenig ändert.

Der während des Zündverzuges einer Luftverteilung zugeführte Kraftstoff vergrößert sich mit größerer freier Strahllänge, so daß nach Ablauf des Zündverzuges eine größere Menge zur Selbstzündung kommt. Die Folge ist ein steilerer Druck- und Temperaturanstieg infolge der größeren Wärmeentwicklung. Das führt wiederum zu einem schnelleren Abdampfen des wandverteilten Kraftstoffes, so daß pro Zeiteinheit eine größere Kraftstoffmenge verbrennt, was zu weiterer Druck- und Temperatursteigerung führt.

Dabei kann es sein, daß in stärkerem Maße Zerfallsprodukte gebildet werden, die den Wirkungsgrad infolge unvollständiger bzw. zu später Verbrennung (das Verbrennungsende liegt weiter im Expansionshub) herabsetzen.

Bei kleinerer freier Strahllänge ($\beta = +30°$) ist infolge der kleineren luftverteilten Menge die Druck- und Temperatursteigerung zunächst geringer, wodurch anfangs nicht genügend Kraftstoff von der Wand abdampfen und verbrennen kann. Damit verschiebt sich das Maximum der Wärmeentwicklung weiter in Richtung nach OT und ihr Absolutwert wird kleiner. Dabei wird zumindest im Anstieg mit kleinerer freier Strahllänge eine gewisse Annäherung an den idealen Verlauf erreicht. Trotzdem ist eine Wirkungsgradverschlechterung (höherer Verbrauch) die Folge. Das läßt darauf schließen, daß die Wärmeentwicklung entweder im OT-Bereich oder zum Ende der Verbrennung hin zu klein ist. Eine geringe anfängliche Wärmeentwicklung ist hinsichtlich sanftem Druckanstieg vorteilhaft. Für optimale Verbrennung ist es aber in Verbindung damit notwendig, daß der Anstieg der Wärmeentwicklung nach OT über einen größeren Kurbelwinkelbereich anhält und dann ein steiler Abfall erfolgt. Um dies gegenüber Abb. 58 unten stärker anzunähern, müßte die Intensität der Luftbewegung größer sein, so daß Gemischbildung und Verbrennung zum Ende hin stärker beschleunigt werden. Wie in einem späteren Abschnitt noch nachgewiesen wird, ergibt sich tatsächlich mit stärkerer Luftbewegung eine kleinere optimale freie Strahllänge, wodurch auch der Druckanstieg kleiner wird.

Das Verbrennungsende verschiebt sich beiderseits der optimalen Düsenstellung sowohl zu größeren als auch zu kleineren freien Strahllängen etwas weiter in den Expansionshub infolge flacheren Auslaufs der Verbrennung.

Hinsichtlich der pro Zeiteinheit von der Wand abdampfenden Kraftstoffmenge, die sich für unterschiedliche freie Strahllängen infolge der unterschiedlich starken Druck- und Temperatursteigerung im Brennraum ergibt, ist noch zu erwähnen, daß durch die Vergrößerung des Auftreffwinkels (in Abb. 58 links ist der Mittelwert der Auftreffwinkel beider Strahlen dargestellt) mit größerer freier Strahllänge die Strahlausbreitung auf der Brennraumwand geringer ist. Das heißt, daß pro Flächenteil eine größere Menge vorhanden ist, die infolge der geringeren Kühlwirkung der Wandung sowieso schon stärker aufgeheizt wird, was den Abdampfungsvorgang beschleunigt bzw. bei kürzerer freier Strahllänge noch stärker verzögert.

Zusammenfassend ergibt sich folgende Erkenntnis:

a) Es existiert eine bevorzugte freie Strahllänge und damit eine optimale luftverteilte Kraftstoffmenge.

b) Bei zu großer luftverteilter Kraftstoffmenge sinkt der Wirkungsgrad infolge Nachbrennen, das durch die zu schnell anlaufende Verbrennung und die damit verbundene größere Zerfallsneigung der Kraftstoffteilchen bedingt ist.

c) Bei zu kleiner luftverteilter Kraftstoffmenge sinkt der Wirkungsgrad infolge zu langsamen Anlaufs der Verbrennung.

3.62 Einfluß der Düsenhöhe

Eine Veränderung der Düsenhöhe brachte bei geringer Veränderung des Förderbeginns beiderseits der Originalstellung im untersuchten Bereich eine Verbrauchsverschlechterung von etwa 3 bis 4 g/PSh (Abb. 59).

Der Verbrauchsanstieg ist zu beiden Seiten des Minimums, d. h. sowohl bei Höhersetzen als auch bei Tiefersetzen der Düse etwa gleich. Bei Höhersetzen der Düse ist das mit der Vergrößerung der freien Strahllänge zu erklären. Dagegen bleibt bei Tiefersetzen der Düse die freie Strahllänge mit 41 mm für optimalen Förderbeginn etwa konstant. Es hat demnach den Anschein, als ob das Herausragen der Düse aus dem Zylinderkopf die trotzdem auftretende Verbrauchsverschlechterung verursacht. Das wäre eine Bestätigung für die Forderung in [1], wonach die Düsenöffnung nicht unmittelbar von der rotierenden Luft erfaßt werden soll.

3.63 Strahllagen für unterschiedliche Belastungen und Drehzahlen

Nach Abb. 60 (1 NVD 14) zeigt sich für unterschiedliche Belastung praktisch keine Änderung der optimalen Strahllagen, was der wirtschaftlichen Anwendung des M-Verfahrens zugutekommt. Wie Abb. 61 zeigt, wird mit steigender Belastung der Düsenverdrehbereich $\Delta\beta$, in dem $b_e < 1{,}01 \cdot b_{e\min}$ ist, kleiner und damit die Empfindlichkeit gegenüber einer Veränderung der Strahllage größer. Für unterschiedliche Drehzahlen bleibt nach Abb. 62 (MAN D 1246 M2) die optimale Strahllage ebenfalls etwa konstant. Hier kommt der Vorteil zugute, daß mit steigender Drehzahl die Luftgeschwindigkeit etwa proportional zunimmt und somit die Gemischbildung und Verbrennung entsprechend beschleunigt wird. Deshalb ist es nicht erforderlich, die Verbrennung durch Vergrößerung der zur ersten Zündung gelangenden luftverteilten Kraftstoffmenge infolge dadurch stärker ansteigenden Temperaturen zu beschleunigen. Die Empfindlichkeit gegenüber Strahllagenänderung wird mit steigender Drehzahl nur wenig größer (geringe Verkleinerung des Bereiches $\Delta\beta$ für $b_e < 1{,}01 \cdot b_{e\min}$ in Abb. 63).

3.64 Vergleich von Ein- und Zweilochdüsen

Um den Einfluß von Einlochdüsen auf die Verbrennung beim M-Verfahren festzustellen, wurden am 1 NVD 14 neben der im MAN D 1246 M2 verwendeten Bosch-Zweilochdüse DLLA 27S50 zwei Einlochdüsen gleichen Typs untersucht (Tabelle 3).

Abb. 64 zeigt die Durchflußkennlinien und Abb. 65 die Einspritzgesetze der 3 Düsen.

Tabelle 3

	Strahlrichtungswinkel		Einspritzdauer °KW
	Strahl 1	Strahl 2	
Düse A	28°	—	26
Düse B	—	38°	25
Düse Z (DLLA 27S50)	28°	38°	18,5

Die beiden Einlochdüsen zeigen im $\mu \cdot F$-Wert und auch im Einspritzgesetz geringe Unterschiede. Das liegt daran, daß sich durch die unterschiedlichen Winkel zwischen Strahl und Düsenachse unterschiedliche Reibungs- bzw. Strömungsverhältnisse im Düsenraum einstellen. Entsprechendes gilt auch beim Vergleich der Einlochdüsen mit der Zweilochdüse. Obwohl sich F bei den Einlochdüsen um 50% gegenüber der Zweilochdüse verringerte, verkleinerte sich $\mu \cdot F$ nur um etwa 40%.

Der Einspritzgesetzverlauf der Einlochdüsen ist gegenüber dem der Zweilochdüse flacher bei einer um 6,5 bzw. 7,5 °KW größeren Einspritzdauer.

Abb. 66 zeigt wiederum verschiedene Kennwerte über der optimalen freien Strahllänge aufgetragen. Grundsätzlich ergeben sich die gleichen Tendenzen wie bei den oben beschriebenen Versuchen am MAN D 1246 M2.

Für die beiden Einlochdüsen liegt der Einspritzbeginn etwa 2 °KW früher als für die Zweilochdüse.

Interessant ist die Tatsache, daß sich für die Einlochdüse etwa die gleiche freie Strahllänge wie für die Strahlen der Zweilochdüse ergibt, obwohl die Strahlauflockerung ersterer etwas geringer ist (vgl. Abb. 46), was zunächst auf eine kleinere luftverteilte Kraftstoffmenge schließen ließe. Tatsächlich dürfte auch pro Zeiteinheit bzw. innerhalb des Zündverzuges bei den stärker aufgelockerten Strahlen der Zweilochdüse mehr Kraftstoff aus dem Strahl herausgerissen und der ersten Zündung unterworfen werden (Abb. 67). Die trotzdem gleiche optimale freie Strahllänge läßt darauf schließen, daß für Ein- und Zweilochdüsen der notwendige luftverteilte Kraftstoffanteil unterschiedlich ist.

Die Zündung geht stets von einem kleinen Kraftstoffwölkchen aus, das sich am Beginn der Einspritzung bildet. Dabei hat die freie Strahllänge, sofern sie nicht extrem kurz ist, keinerlei Einfluß auf die Einleitung der ersten Zündung.

Die Hauptmenge des Kraftstoffes wird wandverteilt und erfährt durch die Kühlung der Brennraumwand eine Verzögerung in seiner Aufbereitung. Die Abdampfung dieses Kraftstoffes wird durch die Temperatur der Verbrennungsluft beeinflußt, die wiederum durch die Größe des luftverteilten Kraftstoffanteils bedingt ist.

Bei der Zweilochdüse wird der Verdampfungsvorgang des wandverteilten Kraftstoffes stärker als bei der Einlochdüse verzögert, da durch die kleinere Kraftstoffmenge pro Flächenteil die Kühlwirkung der Brennraumwand auf die Kraftstoffschicht stärker ist. Es ist also eine Erhöhung der Temperatur der Verbrennungsluft zur schnelleren Abdampfung nötig, die durch Zündung einer größeren luftverteilten Kraftstoffmenge hervorgerufen wird. Das müßte sich bei gleicher Strahlauflockerung in Form einer größeren freien Strahllänge auswirken.

Bei den vorliegenden Ergebnissen dürfte bei der Einlochdüse ein Ausgleich zwischen geringerer Strahlauflockerung und früher einsetzender Abdampfung von der Wand gegenüber der Zweilochdüse eintreten, wodurch sich etwa die gleichen freien Strahllängen für beide Düsenarten ergeben.

Zusammenfassend ergibt sich die Erkenntnis, daß die anfängliche Intensität der Verdampfung des wandverteilten Kraftstoffes mit der Größe der luftverteilten Kraftstoffmenge im Zusammenhang steht.

3.65 Zusammenhang zwischen optimalem Förderbeginn und Strahllage

In Abschnitt 3.61 wurde bereits dargelegt, daß sich der Förder- bzw. Einspritzbeginn mit verstärktem Einspritzen in Richtung Brennraummitte nach früh verschiebt. Verdreht man jedoch die Düse außerhalb des dort untersuchten Bereiches noch weiter in Richtung Brennraumwand, so erfolgt von einer bestimmten Strahllage an die Einspritzung ebenfalls wieder früher (Abb. 68).

Die luftverteilte Kraftstoffmenge ist dort sehr klein, so daß die durch deren Verbrennung hervorgerufene Druck- und Temperatursteigerung nicht ausreicht, um eine wirksame Verbrennung des wandverteilten Kraftstoffes einzuleiten. Durch Früherlegen der Einspritzung und damit verbundene Vergrößerung des Zündverzuges wird die zur ersten Zündung gelangende Kraftstoffmenge vergrößert. Wie Abb. 68 zeigt, erfolgt bei Verdrehen der Düse zur Wand hin die Vorverlegung des Förderbeginns umso eher, je kleiner die Strahlauflockerung und damit die luftverteilte Kraftstoffmenge ist.

3.66 Einfluß unterschiedlicher Strahlauflockerung

3.661 Zweilochdüsen

Es wurden 2 Zweilochdüsen mit gleichen Strahlrichtungswinkeln (28° und 38°), aber unterschiedlicher Strahlauflockerung (Abb. 46 rechts und 69) untersucht. Diese unterschiedliche Strahlauflockerung ist die Folge der unterschiedlichen Düsenart. Bei der Boschdüse handelt es sich um eine Kegelsitzdüse mit nahe den Düsenlöchern befindlichem Nadelsitz, bei der F&S-Düse um eine Flachsitzdüse mit oben befindlichem Nadelsitz (vgl. Abb. 18). Speicherraumverhältnis L/D, Bohrungsverhältnis l/d und mittlerer Strahlwinkel γ sind aus Tabelle 4 ersichtlich.

Tabelle 4

	Boschdüse	F&S-Düse
L/D	0,5	25
l/d	3,8	3,25
γ	14°	9,5°

Die unterschiedliche Strahlauflockerung ist demnach in erster Linie auf das unterschiedliche Speicherraumverhältnis zurückzuführen. Sie bedingt für jeweils optimalem Kraftstoffverbrauch unterschiedliche Strahllagen im Brennraum (Abb. 70).

Dabei ergeben sich folgende freie Strahllängen:

Boschdüse	Strahl 1:	38,5 mm;	Strahl 2:	41 mm
F&S-Düse	Strahl 1:	43,5 mm;	Strahl 2:	45 mm

Diese Differenz der freien Strahllängen von 4—5 mm ist in erster Linie auf die unterschiedliche Strahlauflockerung zurückzuführen. In geringerem Maße kann auch eine verschieden große mit Kraftstoff bedeckte Brennraumwandfläche daran beteiligt sein. Allerdings wird hier ein gewisser Ausgleich zwischen Strahlauflockerung und Ausbreitungsgeschwindigkeit auf der Wand geschaffen werden (Abb. 71 schematisch), da sich aus stroboskopischen Untersuchungen für die F&S-Düse eine etwas größere Austrittsgeschwindigkeit der Kraftstoffstrahlen als bei der Boschdüse ergab ($WS_A = 92$ m/s gegenüber 72 m/s — Abb. 72 —. Für die Boschdüse stimmt der erhaltene Wert etwa mit der Austrittsgeschwindigkeit bei Einspritzbeginn nach den Ergebnissen von Böttger [3] überein — Vergleichskurve in Abb. 72 —).

Es kann demzufolge in erster Näherung von gleicher optimaler luftverteilter Kraftstoffmenge ausgegangen werden. Um diese zu erreichen, muß bei einem weniger aufgelockerten Strahl das Herauslösen von Kraftstoff aus dem Strahlmantel länger andauern als bei einem stärker aufgelockerten Strahl, der der anströmenden Luft eine größere Angriffsfläche bietet. Das wird durch größere freie Strahllänge erreicht.

3.662 Einlochdüsen

Es wurden 3 F&S-Einlochdüsen mit Winkeln zwischen Strahlachse und Düsenachse von 18°, 28° und 38° untersucht. Das Einspritzgesetz, das für alle 3 Düsen etwa gleich ist, zeigt Abb. 73. Um den Einfluß der Strahlauflockerung zu erhalten, wurde bei diesen Düsen die Lochlänge durch Abschleifen verkürzt. Dabei traten im Einspritzgesetzverlauf praktisch keine Änderungen auf.

Durch Variieren von Förderbeginn, Einspritzrichtung und Abstand Zylinderkopfboden — Düsenspitze wurde bei $p_e = 5$ kp/cm² und $n = 1200$ U/min jeweils der optimale Kraftstoffverbrauch ermittelt. Der zugehörige Einspritzbeginn änderte sich dabei nicht. Der in Abb. 74 dargestellte spezifische Kraftstoffverbrauch läßt für die einzelnen Strahlrichtungswinkel praktisch keine Abhängigkeit vom Bohrungsverhältnis l/d und damit von der Strahlauflockerung erkennen.

In Abb. 75 ist für die verschiedenen Bohrungsverhältnisse die Mengenverteilung im Kraftstoffstrahl dargestellt. Danach wird die Strahlauflockerung mit kleinerem l/d größer. Daß dies nicht im stärkerem Maße erfolgt, dürfte an dem überwiegenden Einfluß des großen Speicherverhältnisses L/D liegen.

Abb. 76 oben zeigt die Abhängigkeit der jeweiligen optimalen freien Strahllänge vom mittleren Strahlwinkel γ und damit von der Strahlauflockerung. Man erkennt, daß sich die optimale freie Strahllänge mit größer werdender Strahlauflockerung etwas verringert. Trägt man die freien Strahllängen über dem jeweiligen Strahlquerschnitt auf (Abb. 76 unten), so ergibt sich dafür eine lineare Abhängigkeit.

Mit diesen Untersuchungen wurde die im vorigen Abschnitt mit Zweilochdüsen gefundene Abhängigkeit der freien Strahllängen von der Strahlauflockerung nochmals durch mehrere Meßpunkte bestätigt. In Abb. 76 sind die Werte der beiden Zweilochdüsen mit eingezeichnet, woraus die gleiche Tendenz zu erkennen ist. Insgesamt liegen die freien Strahllängen etwas über denen der Einlochdüsen, was bereits mit der geringeren Kraftstoffkonzentration pro Flächenteil und der notwendigen größeren luftverteilten Kraftstoffmenge zur Beschleunigung des Abdampfungsvorganges durch stärkere Temperaturerhöhung begründet wurde.

3.67 Einspritzzeitpunkt und freie Strahllänge

In Abb. 77 sind die sich aus den Versuchen über den Einfluß der Einspritzdauer (Abschnitt 3.53) jeweils ergebenden optimalen freien Strahllängen für die F&S-Einlochdüse und die Bosch-Zweilochdüse aufgetragen. Es ist mit Vergrößerung der Einspritzdauer ein Anstieg zu verzeichnen. Er beruht auf zwei Ursachen:

a) Mit Vergrößerung der Einspritzdauer sinkt die während des Zündverzuges in den Brennraum gelangende Einspritzmenge (Abb. 78) und damit auch der im gleichen Zeitraum luftverteilte Kraftstoffanteil ab. Zum Ausgleich, d. h. hinsichtlich konstantbleibender luftverteilter Menge, muß die freie Strahllänge größer werden.

Für größere Strahlauflockerung bzw. größere Strahlzahl ist die Einspritzmenge während des Zündverzuges größer. Mit steigender Einspritzdauer fällt sie aber stärker ab, was den steileren Strahllängenanstieg in Abb. 77 verursacht.

b) Mit steigender Einspritzdauer verlagert sich der Einspritzbeginn nach früh und der Zündverzug wird größer. Infolge der damit geringer werdenden Luftdichte im Brennraum muß nach OSCHATZ [5] die Strahlauflösung und damit die Kraftstoffmenge im Strahlmantel abnehmen. Das bedingt wiederum im Hinblick auf gleiche luftverteilte Kraftstoffmenge größere freie Strahllänge.

Die Trennung dieser beiden Einflüsse auf die Größe der freien Strahllänge ist in erster Näherung möglich. Für die F&S-Einlochdüse erhält man aus Abb. 77 eine Strahllängenänderung von etwa 2,2 mm pro 10 °KW Einspritzdaueränderung und für die Bosch-Zweilochdüse eine solche von etwa 2,9 mm pro 10 °KW Einspritzdaueränderung.

Aus Abb. 78 ergibt sich eine Änderung der prozentualen Einspritzmenge pro Zündverzug von 6,7% (F&S-Düse) bzw. 14% pro 10 °KW Einspritzdaueränderung (Bosch-Düse). Trägt man diese Werte auf (Abb. 79), so ergibt der Schnittpunkt der eingezeichneten Gerade mit der Ordinate, d. h. für den Fall, daß keine Änderung der während des Zündverzuges eingespritzten Menge mit der Einspritzdauer auftritt, eine Strahllängenänderung von etwa 1,5 mm pro 10 °KW Einspritzdaueränderung. Dieser Wert charakterisiert also die Abhängigkeit der freien Strahllänge von der für unterschiedliche Einspritzdauer unterschiedlichen Luftdichte im Brennraum bei Einspritzbeginn. Andererseits ergibt der Differenzbetrag der Strahllängenänderung von 0,7 (F&S-Düse) bzw. 1,4 mm pro 10 °KW Einspritzdaueränderung (Bosch-Düse) den Einfluß der unterschiedlichen Einspritzmengen pro Zündverzug. In Abb. 80 ist für die F&S-Düse die freie Strahllänge über der Dichte bei Einspritzbeginn aufgetragen. Die Kurve A enthält noch beide Einflüsse. Die Kurve B wurde durch Korrektur mit Hilfe obiger Strahllängenänderung von 0,7 mm pro 10 °KW Einspritzdauer ermittelt, wobei von Punkt 1 ausgegangen wurde. Sie stellt somit die Änderung der freien Strahllänge allein durch die Luftdichte infolge unterschiedlicher Strahlauflösung dar. Es ergeben sich im untersuchten Bereich von 5 bis 11 kg/m^3 Werte von etwa 1 bis 2 mm Strahllängenänderung pro 1 kg/m^3 Dichteänderung.

3.68 Zwischenbilanz

Es ergibt sich beim M-Verfahren eine bevorzugte freie Strahllänge. Sie ist der Ausdruck einer bestimmten notwendigen luftverteilten Kraftstoffmenge.

Die optimale Größe der luftverteilten Menge ist abhängig

a) von der Größe der mit Kraftstoff bedeckten Wandfläche bzw. der Kraftstoffkonzentration pro Flächenteil,

b) von den Temperaturverhältnissen im Brennraum zu Beginn der Verbrennung und damit von der Intensität der anfänglichen Abdampfung des wandverteilten Kraftstoffes.

Für konstante luftverteilte Kraftstoffmenge ändert sich die freie Strahllänge

a) mit der Luftdichte im Brennraum infolge der dichteabhängigen Strahlauflösung,

b) mit der Strahlauflockerung,

c) mit der während des Zündverzuges eingespritzten Kraftstoffmenge.

3.7 Luftbewegung

Es besteht beim M-Verfahren die Forderung einer gerichteten, um die Zylinderachse drehenden Luftbewegung, die etwa die Form eines Potentialwirbels hat [1], [3].

An den untersuchten Motoren wird dieser Luftwirbel (Abb. 81) durch Einlaßschirmventil erzeugt. Der Wirbel bleibt auch bei Eintritt in den Brennraum erhalten, wobei die Wirbelachse außerhalb der Brennraum- bzw. Zylinderachse liegt (Abb. 82 unten). Das ist vermutlich auf die außermittige Anordnung des Einlaßventils zurückzuführen.

Auf Grund dieser Tatsache ist es zweckmäßig, bei Einspritzung in Richtung Einlaßventil relativ flach in den Brennraum zu spritzen, um eine Ausbreitung des Kraftstoffes in das Gebiet der Wirbelachse möglichst zu vermeiden. Das flache Einspritzen erscheint auch deshalb günstiger, weil die Schraubenlinie des Luftwirbels nur eine geringe mittlere Neigung hat (13° für den 1 NVD 14 nach Abb. 82 oben, aus den Verwehungsbahnen von aufgetragenen Punkten einer Graphit-Ruß-Öl-Lösung ermittelt).

3.71 Zusammenhang zwischen Verbrauch und Wirbelintensität

Im folgenden wird der Einfluß verschiedener Schirmwinkel und damit verschieden großer Wirbelintensität auf die Verbrennung betrachtet.

Es wurden dazu Motorversuche bei $n = 1200$ U/min und $p_e = 5$ kp/cm² durchgeführt und in Abb. 83 die erzielten Kraftstoffverbräuche als Funktion der Schirmventilstellung δ mit dem Schirmwinkel $\varkappa$ als Parameter aufgetragen.

Den höchsten Verbrauch ergab das schirmlose Ventil, bei dem praktisch keine Luftwirbelung erzeugt wird.

Um eine zumindest qualitative Aussage über die für gute Verbrennung notwendige Luftwirbelung zu erhalten, wurde der Zylinderkopf auf dem Viertaktspülmodell-Prüfstand untersucht ([36] und Anhang).

In Abb. 83 unten sind die Wirbeldrehzahlen n_A als Funktion von Schirmventilstellung und Schirmwinkelgröße aufgetragen. Dabei ist in der Tendenz eine Übereinstimmung zwischen Verbrauchs- und Wirbeldrehzahlkurven in der Richtung zu erkennen, daß mit Vergrößerung der Wirbeldrehzahl eine Verringerung des spezifischen Kraftstoffverbrauches erfolgt. Das bestätigt die in [1] dargelegte Forderung, daß für wirtschaftliche Verbrennung beim M-Verfahren eine starke, um die Zylinderachse drehende Luftbewegung vorhanden sein muß, die von der Verbrennung nicht gestört wird.

Diese intensive Luftbewegung ist durch die Wandauftragung der Hauptkraftstoffmenge bedingt. Die Diffusionsgeschwindigkeit des von der Wand aufsteigenden Kraftstoffdampfes ist zu klein, um die für eine gute und schnelle Verbrennung notwendige Mischungsgeschwindigkeit von Kraftstoffdampf und Verbrennungsluft bei Nichtvorhandensein einer Luftbewegung zu erreichen.

Anhand der beiden Diagramme wurde versucht, eine Abhängigkeit des Verbrauches von der Wirbeldrehzahl unter Ausschluß der Parameter Schirmwinkel und Schirmventilstellung zu erreichen. Auf Grund der unterschiedlichen Versuchsbedingungen (am Viertaktspülmodell stationäre Strömung, im Motor instationäre Strömung) ergibt sich ein großer Streubereich (Abb. 83 links). Um die Abhängigkeit etwas exakter zu erhalten, wurde zur qualitativen Erfassung der Luftströmung ein anderer Weg beschritten.

Auf den Kolben wurde eine Aluminiumscheibe aufgeschraubt, auf die in bestimmten Abständen Punkte einer dickflüssigen Öl-Graphit-Ruß-Mischung von etwa 1—2 mm ∅ aufgebracht wurde. Durch Schleppen des kompletten Motors wurden diese Punkte durch die Luftbewegung auf dem Kolbenboden verweht (Abb. 84). Dabei ist die Länge der Verwehung ein ungefähres Maß für die Luftgeschwindigkeit. Für die Auswertung wurden für jede untersuchte Schirmventilstellung bzw. für die verschiedenen Schirmwinkel jeweils die Länge der Verwehungsbahnen von 4 Punkten ausgemessen und ihre Summe als Maß für die Luftgeschwindigkeit festgelegt. Es wurden die Punkte ausgewählt, die sich vor der Brennraumaussparung (im Bereiche unter der Einspritzdüse) befinden. Damit wurde ein Maß für die Luftgeschwindigkeit beim Einströmen in den Brennraum an der Stelle gefunden, an der auch der Kraftstoffstrahl in den Brennraum eintritt.

Mit dieser Form der Auswertung erhält man eine gute Übereinstimmung mit der Tendenz der Verbrauchskurven in Abb. 83. In Abb. 85 wurde der Verbrauch über den sich ergebenden Längen der Verwehung aufgetragen und damit eine allgemeine Abhängigkeit des Verbrauches von der Luftgeschwindigkeit dargestellt. Über die absolute Größe der Luftgeschwindigkeit kann keine Aussage gemacht werden, weshalb auch auf eine Zahlenangabe auf der Abszisse verzichtet wurde.

Über den Kurvenverlauf bei weiter steigender Luftgeschwindigkeit liegen keine Ergebnisse vor, da höhere Luftgeschwindigkeiten am Motor nicht erzielt werden konnten.

Bei der herkömmlichen Direkteinspritzung bildet sich nach den Ergebnissen von PISCHINGER [34] ein Verbrauchsminimum bei einer bestimmten Wirbeldrehzahl aus, nach deren Überschreiten der Verbrauch wieder ansteigt. Infolge der überwiegenden Luftverteilung des Kraftstoffes ist die Größe der Wirbeldrehzahl von der Größe der freien Sektoren zwischen den einzelnen Kraftstoffstrahlen abhängig, wobei bei zu großer Wirbelintensität der Kraftstoff eines Strahles in den Bereich des Nachbarstrahles verweht wird. Das wird als Ursache für die Verschlechterung der Verbrennung angesehen.

Für das M-Verfahren gelten infolge des tangentialen Anspritzens an die Brennraumwand diese Bedingungen nicht. Trotzdem scheint sich auch hier ein Wirbeldrehzahloptimum auszubilden, allerdings erst bei wesentlich höheren Werten gegenüber denen der herkömmlichen Direkteinspritzung.

Eine Erklärung hierfür soll im Folgenden gegeben werden.

Beim M-Verfahren soll eine möglichst schnelle Mischung des von der Wand abdampfenden Kraftstoffes mit der Verbrennungsluft erfolgen. Je höher die Wirbelintensität ist, umso schneller geht auch die Verbrennung vor sich. Damit steigen aber auch die Gastemperaturen im Brennraum stärker an, was zu verstärkter Bildung von Zerfallsprodukten des zum Ende der Einspritzung auf die Brennraumwand gelangten Kraftstoffes führt. Bei einer bestimmten Wirbelintensität überwiegt dann der sich auf die Verbrennung verschlechternd auswirkende Einfluß der verstärkt gebildeten Zerfallsprodukte, so daß Verbrauch und Rußbildung mit weiter steigender Wirbelintensität wieder ansteigen.

Die Kurve $b_e = f$ (Luftgeschwindigkeit) (Abb. 85) wurde in Abb. 83 ($b_e = f(n_A)$) gestrichelt übertragen, wobei die maximal erreichbare Luftgeschwindigkeit der maximalen Wirbeldrehzahl n_A gleichgesetzt wurde. Man sieht, daß die Kurve recht gut im Streubereich liegt. Daraus kann gefolgert werden, daß es durchaus zweckmäßig ist, bei der Entwicklung eines Einlaßkanals den Hauptteil der Untersuchungen an einem stationären Spülmodell-Prüfstand durchzuführen.

3.72 Einfluß der Wirbelintensität für Ein- und Zweilochdüsen auf Verbrauch und Belastbarkeit

Abb. 86 zeigt den Verbrauch in Abhängigkeit von der Wirbelintensität für die Zweilochdüse DLLA 27S50 und für 2 Einlochdüsen gleichen Typs und unterschiedlichem Strahlrichtungswinkel (Düse 1: $\alpha = 20°$, Düse 2: $\alpha = 42°$).

Es besteht eine Abhängigkeit des Wirbeldrehzahloptimums von der Belastung, die besonders deutlich aus den Ergebnissen mit den Einlochdüsen hervorgeht. Dabei verschiebt sich das Wirbeldrehzahloptimum mit sinkender Belastung zu kleineren Werten.

Vermutlich werden mit Verringerung der Einspritzmenge der Luft kleinere Wärmemengen zur thermischen Aufbereitung des wandverteilten Kraftstoffes entzogen. Durch die dadurch höheren Gastemperaturen wird die Zerfallsneigung der Kraftstoffmoleküle gefördert. Dem muß durch Verringerung der Wirbeldrehzahl entgegengewirkt werden (s. Abschnitt 3.71).

Neben der Abhängigkeit des Wirbeldrehzahloptimums von der Belastung ist aus Abb. 86 noch zu erkennen, daß bei den Einlochdüsen mit Verringerung der Wirbelintensität die Verbrauchsverschlechterung gegenüber der Zweilochdüse geringer ist und das Wirbeldrehzahloptimum bei gleicher Belastung für Einlochdüsen einen kleineren Wert als für Zweilochdüsen annimmt (Abb. 87 schematisch).

Bei der Einlochdüse ist die vom Kraftstoff bestrichene Wandfläche kleiner als bei der Zweilochdüse. Infolge der dadurch stärkeren Kraftstoffschicht pro Flächenteil erfolgt für gleiche Brennraumwandkühlung eine stärkere Aufheizung der oberen Kraftstoffschichten. Damit wird der Verdampfungsvorgang schon zu Anfang stärker beschleunigt und die Zündung und Verbrennung des abdampfenden Kraftstoffes setzt früher ein. Durch die höheren Gastemperaturen gegenüber Betrieb mit Zweilochdüse wird die Bildung von Zerfallsprodukten stärker gefördert und die optimale Wirbeldrehzahl herabgesetzt.

Abb. 88 zeigt die Abhängigkeit des maximal erreichbaren effektiven Mitteldruckes an der Rauchgrenze von der Wirbelintensität. Auch hier ergibt die Zweilochdüse (Kurve 3) bei niedrigen Wirbeldrehzahlen schlechtere Ergebnisse als die Einlochdüsen. Dagegen nähern sich die Kurven mit steigender Wirbeldrehzahl, wobei das Belastungsmaximum für die Einlochdüsen bei kleineren Wirbeldrehzahlwerten erreicht werden dürfte (gestrichelter Verlauf). Die Ursache dafür wurde bereits bei der Betrachtung der Verbrauchskurven erläutert. Aus den Kurvenverläufen kann man weiterhin entnehmen, daß für das jeweilige Wirbeldrehzahloptimum die maximal erreichbare Belastbarkeit für die Zweilochdüse etwas höher liegen wird. Das ist durch die bei den Einlochdüsen infolge der dickeren Kraftstoffschicht schnellere Aufheizung der Kraftstoffoberfläche und damit verstärkter Bildung von Zerfallsprodukten bedingt. Die Folge davon ist stärkere Rußbildung und damit Herabsetzen der Rauchgrenze.

In Abb. 89 sind die Liefergrade λ_L der 3 Düsen und die Luftüberschußzahl λ für die Einlochdüse 2 (die λ-Werte der beiden anderen Düsen weichen davon nur wenig ab) an der Rauchgrenze dargestellt. Aus dem λ-Verlauf ist zu erkennen, daß die Luftausnutzung mit steigender Wirbeldrehzahl besser wird.

3.73 *Einfluß des Liefergrades*

Bei dem bisher Besprochenen wurde die Änderung des Liefergrades in Abhängigkeit vom Schirmwinkel und Schirmventilstellung (Abb. 90) nicht mit berücksichtigt.

Für die Ergebnisse bei $p_e = 5$ kp/cm² nach Abb. 85 liegt der Liefergrad im untersuchten Bereich zwischen 0,835 und 0,89. Die λ_L-Werte sind jeweils an die einzelnen Meßpunkte geschrieben. Man kann hier keinen Einfluß auf den spezifischen Kraftstoffverbrauch erkennen. Besonders deutlich tritt das bei $\varkappa = 180°$ auf, wo für Punkte gleicher Luftgeschwindigkeit trotz Änderung des Liefergrades von 0,87 auf 0,835 keine Änderung im Verbrauch eintrat.

Zieht man hierzu die Luftüberschußzahl λ in die Betrachtung ein, so erhält man Werte, die von $\lambda = 1{,}5$ bei kleiner Luftgeschwindigkeit auf $\lambda = 2{,}0$ bei der größten Luftgeschwindigkeit ansteigen. Eine Änderung des Liefergrades bei hoher Luftgeschwindigkeit von 0,87 auf 0,835 hat nur eine Änderung der Luftüberschußzahl von 2,02 auf 1,93 zur Folge. Berücksichtigt man, daß die bisher üblichen Werte bei $\lambda = 1{,}3 \div 1{,}8$ [57] liegen, so ist damit erwiesen, daß die bei den Untersuchungen vorhandene Liefergradänderung keinen Einfluß auf den Teillastverbrauch haben kann.

Mit steigender Belastung ändern sich die Verhältnisse (Abb. 91). Der Verbrauch steigt bei etwa konstanter Wirbelintensität für kleineren Liefergrad bis zur Rauchgrenze etwas stärker an. Gleichzeitig wird die Belastbarkeit verringert, wobei bei dem jeweiligen Mitteldruck an der Rauchgrenze gleicher Verbrauch und gleicher Liefergrad auftritt. Das Luftverhältnis λ beträgt an der Rauchgrenze 1,45 bzw. 1,5. Abb. 91 bestätigt die Ergebnisse von WIEBICKE [37], wonach neben hoher Wirbeldrehzahl auch Wert auf einen hohen Liefergrad gelegt werden muß. Dabei kann eine bestimmte Belastung mit verschiedenen Wertepaaren von Wirbeldrehzahl und Liefergrad erreicht werden, wobei die Wirksamkeit der beiden Faktoren unterschiedlich sein kann.

Unter diesen Gesichtspunkten stellen die Kurven in Abb. 88 die Abhängigkeit von der Wirbelintensität nicht exakt dar, da sich bei den Versuchen mit steigender Wirbeldrehzahl der Liefergrad verringerte (Abb. 89).

Abb. 92 zeigt für etwa konstante Wirbeldrehzahl die Abhängigkeit des indizierten Mitteldruckes vom Liefergrad. Da auf Grund der geringen Meßpunktzahl (Bereich von $\lambda_L = 0{,}84$ bis 0,855) keine Tendenz erkennbar ist, wurde der Wert vom MAN D 1246 M2 mit eingetragen. Die Wirbelintensität ist dabei etwa die gleiche wie beim 1 NVD 14. (MAN D 1246 M2: $n_A \approx 1800$ U/min, 1 NVD 14: $n_A \approx 1700$ U/min). Damit ergibt sich eine auch in der Literatur [37] erwähnte Proportionalität zwischen maximalem Mitteldruck und Liefergrad.

Mit Hilfe dieser Beziehung wurde in Abb. 93 die Kurve 1 aus Abb. 88 korrigiert und für konstanten Liefergrad $\lambda_L = 0{,}89$ dargestellt. Wenn auch nicht erwartet werden kann, daß dieser Verlauf völlig exakt ist, so ergeben sich doch trotzdem gewisse Aufschlüsse. So ist z. B. eine Steigerung des Mitteldruckes von 6,95 auf 7,4 einmal durch eine Liefergraderhöhung um etwa 5% bei konstanter Wirbeldrehzahl und zum anderen durch eine Wirbeldrehzahlerhöhung um etwa 17% bei konstantem Liefergrad möglich. Das bedeutet, daß im Gebiet hoher Wirbelintensität der Einfluß einer bestimmten prozentualen Änderung des Liefergrades auf die Belastbarkeit überwiegt. Mit kleinerer Wirbelintensität dürfte dagegen der Einfluß einer Wirbeldrehzahländerung infolge der steiler abfallenden Kurve immer stärker werden.

Grundsätzlich kann gesagt werden, daß es bei der Entwicklung von Einlaßkanälen neben hoher Wirbeldrehzahl vor allem auch auf hohen Luftdurchsatz bzw. hohen Liefergrad ankommt. Diese Forderung besteht umso stärker, je höher die Drehzahl ist.

Abb. 94 zeigt für den MAN D 1246 M2 die Vollastkurven für 2 Schirmwinkel 120° und 140° und damit unterschiedliche Wirbelintensität mit den zugehörigen Liefergrad- und Vollastverbrauchskurven. Unterhalb etwa 1400 U/min werden mit dem 140°-Schirmwinkel (höhere Wirbelintensität) höhere Mitteldruckwerte erzielt, d. h. in diesem Gebiet überwiegt der Einfluß der Wirbeldrehzahl. Mit steigenden Drehzahlen >1400 U/min übt der Liefergrad den stärkeren Einfluß aus, so daß trotz höherer Wirbeldrehzahl der Mitteldruck mit 140°-Schirmwinkel geringer als mit 120°-Schirmwinkel ist. Gleichzeitig macht sich bei höheren Drehzahlen der verbrauchsverschlechternde Einfluß eines geringeren Liefergrades bemerkbar.

3.74 Liefergrad und Luftüberschußzahl für höhere Drehzahlen

In Abb. 95 wurde für den MAN D 1246 M2 mittels des Liefergradverlaufes und der Leistungs- und Verbrauchswerte aus dem Kennlinienfeld die Luftüberschußzahl λ gebildet. Sie ergibt sich formelmäßig speziell für diesen Motor zu

$$\lambda = 0{,}0194 \cdot \frac{\lambda_L \cdot n}{B_e} .$$

Die Meßwerte des stündlichen Kraftstoffverbrauches ergeben über der Drehzahl für konstanten Mitteldruck Gerade. Da es sich dabei um Nullstrahlen handelt, erhält man im vorliegenden Fall auf Grund der Beziehungen

$$\lambda_L = a - b \cdot n , \qquad B_e = c \cdot n ,$$

$$\lambda = d \cdot \frac{\lambda_L - n}{B_e} = d \, \frac{(a - b \cdot n) n}{c \cdot n} = \frac{d}{c} (a + b \cdot n)$$

auch für den Verlauf der Luftüberschußzahlen Gerade.

Nimmt man zunächst oberhalb des untersuchten Drehzahlbereiches (d. h. ab 2000 U/min) einen weiterhin etwa geradlinigen Abfall des Liefergrades sowie gleichguten Verbrennungswirkungsgrad und damit geradlinigen Verlauf von B_e an, so ergibt sich auch fortlaufender geradliniger Abfall der Luftüberschußzahl (gestrichelte Kurvenstücke). Für $p_e = 8$ und 8,5 kp/cm² ist die sich aus Messungen ergebende Rauchgrenze eingezeichnet. Man erkennt daraus, daß die Luftüberschußzahl an der Rauchgrenze in beiden Fällen einen Wert von etwa 1,3 annimmt, sie liegt also an der unteren Grenze des von Böttger [57] angegebenen üblichen Bereiches und damit in der Gegend der von Kammermotoren (vgl. Abschn. 2.32). Dieser relativ kleine Wert hat seine Ursache vor allem in der infolge der hohen Luftwirbelung bedingten guten Luftausnutzung. (die Abhängigkeit des Luftaufwandes von der Wirbeldrehzahl zeigt Abb. 89 für den 1 NVD 14.)

Auf Grund der Porportionalität zwischen Intensität der Luftbewegung und Drehzahl kann auch für höhere Drehzahlen etwa konstanter Luftüberschuß an der Rauchgrenze angenommen werden. Danach würde die Rauchgrenze für $p_e = 7$ kp/cm³ etwa bei 2600 U/min erreicht werden (in Abb. 95 mit eingezeichnet).

Der Verlauf des Luftverhältnisses ist nach obiger Formel auch vom Liefergrad abhängig. Wie Abb. 96 zeigt, findet im Vergleich zu einem schirmlosen Ventil durch den Schirmwinkel eine mit steigender Drehzahl immer stärker werdende Liefergradverschlechterung statt. Darin liegt die Schwierigkeit, mit dem M-Verfahren hohe Drehzahlen bei gleichzeitig hohem Mitteldruck zu erzielen. Eine gewisse Verbesserung in dieser Richtung dürfte allerdings durch Ablösung des Schirmventils von sog. Drallkanälen und schirmlosen Ventilen zu erzielen sein. Eine Bestätigung dafür gibt Abb. 97, das als Ergebnis eines ersten Tastversuches den Liefergradverlauf bei Verwendung eines 120°-Schirmventiles (λ_{L_S}) bezogen auf den Liefergrad eines Drallkanals (λ_{L_D}) zeigt.

3.75 Einfluß der Richtung der Luftdrehung zur Kraftstoffstrahlrichtung

Abb. 98 zeigt Verbrauch und die am Viertaktspülmodell gemessene Wirbeldrehzahl in Abhängigkeit von der Ventilschirmstellung für die Motoren MAN D 1246 M2 und 1 NVD 14 bei Betrieb mit der Bosch-Zweilochdüse DLLA 27S50. Es bilden sich 2 Verbrauchsminima in den Gebieten maximaler Wirbeldrehzahl aus. Bei den Ventilschirmstellungen ohne Luftwirbel haben die Verbrauchskurven ihre Maxima.

Bei Spritzen in Richtung Luftwirbel liegt der indizierte Verbrauch im Optimum um etwa 7—8 g/PS$_i$h niedriger als bei Spritzen entgegen dem Luftstrom, obwohl in beiden Fällen der Absolutwert der maximalen Wirbeldrehzahl etwa der gleiche ist. Aus dem Verlauf der Abgastrübung ist ersichtlich, daß bei Gegensinnigkeit von Kraftstoffstrahl- und Luftdrehrichtung ein rauchfreier Betrieb nicht mehr möglich ist. Als Ursache dafür kann einmal die Tatsache angesehen werden, daß bei Gegensinnigkeit die Kraftstoffausbreitung auf der Brennraumwand stark gehemmt wird. Das führt zu einer stärkeren flächenmäßigen Kraftstoffkonzentration mit stärkerer Aufheizung der oberen Schichten und verstärktem Zerfall der Kraftstoffmoleküle in rußbildende Verbindungen. Zum anderen ist anzunehmen, daß ein Teil des von der Wand abdampfenden Kraftstoffes in den freien Strahl gegen Ende der Einspritzung verweht wird, was zu einer Verschlechterung der Gemischbildung führt. Nach den Ergebnissen von PISCHINGER [23] ist es auch möglich, daß noch ein Teil des Kraftstoffes in die sich vor allem in Gegenrichtung bewegende Flamme eingespritzt wird und somit infolge Sauerstoffmangel einer vollständigen Verbrennung entzogen wird (vgl. Abb. 14). Entsprechende Verhältnisse ergaben sich auch bei Betrieb mit einer Einlochdüse geringer Strahlauflockerung (Abb. 99). Die Verbrauchsdifferenz ist größer als bei Betrieb mit der Zweilochdüse. Das dürfte hauptsächlich darauf zurückzuführen sein, daß infolge größerer Einspritzdauer ein größerer Kraftstoffanteil in die Flamme gespritzt wird.

Die optimale Düsenstellung verschiebt sich bei Gegensinnigkeit von Luft- und Kraftstoffstrahlrichtung zu kleineren freien Strahllängen. Dadurch wird die infolge höherer Relativgeschwindigkeit zwischen Kraftstoff und Luft größere luftverteilte Kraftstoffmenge etwa ausgeglichen.

3.76 *Wirbelintensität und freie Strahllänge*

Abb. 100 zeigt für verschiedene Düsenstellungen bzw. für verschiedene freie Strahllängen den Verbrauch in Abhängigkeit von der Ventilschirmstellung. Daraus erkennt man, daß sich die optimale Ventilschirmstellung für unterschiedliche freie Strahllängen nicht ändert. Dagegen wird die Empfindlichkeit gegenüber einer Veränderung der Ventilschirmstellung mit kleinerer freier Strahllänge größer.

Trägt man den Verbrauch über der Wirbeldrehzahl auf (Abb. 101), so ist zu erkennen, daß der Verbrauchsanstieg für größere freie Strahllängen mit Verringerung der Wirbeldrehzahl flacher wird. Die Kurvenverläufe für die freien Strahllängen von 40 und 50 mm deuten darauf hin, daß sich das Verbrauchsoptimum für unterschiedliche Wirbeldrehzahlen zu anderen freien Strahllängen verschieben kann.

Das kommt in Abb. 102 links für einen am MAN D 1246 M2 untersuchten Strahllängenbereich von 35 bis 49 mm zum Ausdruck. Man erkennt, daß sich das Verbrauchsminimum mit steigender Wirbeldrehzahl zu kleineren freien Strahllängen verschiebt.

Eine zwar nicht so ausgeprägte Tendenz ist auch aus dem Verlauf der Rauchgastrübung ersichtlich, Abb. 102 rechts.

Diese Ergebnisse geben zum einen die Bestätigung, daß bei der herkömmlichen Direkteinspritzung mit stärkerer Luftverteilung des Kraftstoffes (entspricht größerer freier Strahllänge) die optimale Wirbeldrehzahl kleiner als beim M-Verfahren sein muß.

Zum anderen ergeben sie für das M-Verfahren die günstige Voraussetzung, durch weitere Steigerung der Wirbelintensität infolge der damit kleiner werdenden freien Strahllänge das Verbrennungsgeräusch weiter zu verringern (Abhängigkeit des Verbrennungsgeräusches von der freien Strahllänge, siehe Abb. 117).

3.77 *Zwischenbilanz*

Die Größe der optimalen Luftbewegung ist beim M-Verfahren nach den erzielten Ergebnissen abhängig von:

a) effektiven Mitteldruck,
b) Kraftstoffkonzentration pro Flächenteil des wandverteilten Kraftstoffes,
c) in Zusammenhang mit b) vermutlich auch von der Intensität der Brennraumwandkühlung,
d) freie Strahllänge.

Die Luftgeschwindigkeit soll grundsätzlich im Rahmen der praktisch erzielbaren Werte, vor allem hinsichtlich hoher Belastbarkeit, möglichst groß sein.

Daneben muß aber auch der Liefergrad zur Erzielung hoher Belastungen und hoher Drehzahlen groß sein.

Die Richtung der Luftbewegung soll die gleiche wie die der eingespritzten Kraftstoffstrahlen sein.

3.8 Untersuchung einiger weiterer Einflußgrößen

3.81 *Vergleich von Ein- und Zweilochdüsen hinsichtlich Belastbarkeit und Abgastrübung*

Aus den bisher beschriebenen Versuchen ist bereits zu erkennen, daß im Teillastverbrauch zwischen Ein- und Zweilochdüsen gleichen Typs bei $n = 1200$ U/min praktisch keine Unterschiede auftreten.

Betrachtet man die in den einzelnen Versuchen erzielte maximale Belastbarkeit, so ist bei jeweils optimaler Abstimmung von Luftgeschwindigkeit, Kolbenkühlung und Einspritzdauer nur eine geringe Differenz zwischen Ein- und Zweilochdüsen vorhanden.

Abb. 103 zeigt die sich aus verschiedenen Versuchen ergebendenBereiche der Abgastrübung beider Düsenarten über dem indizierten Mitteldruck aufgetragen. Man erkennt für die Einlochdüse eine um etwa 0,2 kp/cm² geringere maximale Belastbarkeit.

Das bedeutet, daß die Einlochdüse durchaus beim M-Verfahren verwendet werden kann. Aus dieser Tatsache läßt sich ableiten, daß auch bei Verwendung von Zapfendüsen gute Ergebnisse zu erwarten sind. Die Zapfendüse hätte dabei gegenüber der Lochdüse den Vorteil, daß infolge ihrer selbstreinigenden Eigenschaften die Gefahr des Auftretens von Düsenverkokungen geringer wird.

Im Verlauf der Abgastrübung zeigen die beiden Düsenarten etwas unterschiedliches Verhalten.

Während für die Einlochdüse die Abgastrübung zunächst etwa konstant bleibt und dann mit steigender Belastung relativ steil ansteigt, erfolgt für die Zweilochdüse der Anstieg mit der Belastung etwa linear. Die Abgastrübung ist dabei im oberen Teillastbereich für die Einlochdüse geringer als für die Zweilochdüse.

Für den unterschiedlichen Verlauf kann das Zusammenwirken folgender Ursachen angesehen werden:

a) Bei der Zweilochdüse wird der wandverteilte Kraftstoff infolge seiner größeren flächenmäßigen Ausbreitung stärker gekühlt und seine Aufbereitung verzögert. Zudem herrscht in der dünneren Kraftstoffschicht gegenüber der der Einlochdüse ein gleichmäßigeres Temperaturniveau. Die Folge ist nach anfänglich stärkerer Verzögerung die gleichzeitige Abdampfung einer größeren Kraftstoffmenge. Ihr kann bei konstanter Luftgeschwindigkeit im Gegensatz zu der zeitlich kleineren verdampften Menge bei der Einlochdüse relativ betrachtet weniger Sauerstoff zugeführt werden, was zu verstärkter Rußbildung führt. Eine Bestätigung dafür gibt Abb. 104, die für eine konstante Belastung den Verlauf der Abgastrübung über der Luftgeschwindigkeit darstellt. Es ist demnach für gleiche Abgastrübung bei Verwendung der Zweilochdüse eine höhere Luftgeschwindigkeit als für die Einlochdüse erforderlich.

b) Andererseits wird durch die größere Kraftstoffkonzentration pro Flächenteil bei der Einlochdüse die Aufheizung des wandverteilten Kraftstoffes verstärkt, da die relative Kühlung durch die Wand geringer ist. Bei entsprechender Erhöhung des gesamten Temperaturniveaus im Brennraum wird es demzufolge bei der Einlochdüse eher durch zu starke Aufheizung zu Zerfallsreaktionen mit anschließender Rußbildung kommen.

Es kann der Schluß gezogen werden, daß im unteren Belastungsbereich die Ursache a) ihre dominierende Wirkung hat (steilerer Anstieg für die Zweilochdüse), während bei hoher Belastung infolge der stark ansteigenden Gastemperaturen im Brennraum die unter b) dargestellte Ursache den Haupteinfluß ausübt (steilerer Anstieg für die Einlochdüse).

3.82 Einfluß verschiedener Strahlrichtungswinkel bei Einlochdüsen

Es wurden 4 Einlochdüsen vom Typ Bosch DLLA mit verschiedenen Strahlrichtungswinkeln (Winkel zwischen Strahl und Düsenachse) von 20°; 33,5°; 42° und 52,5° untersucht.

Die Einspritzgesetze sind für alle Düsen etwa gleich, ebenso sind auch in der Strahlauflockerung fast keine Unterschiede vorhanden.

Es ergab sich für alle Düsen gleicher Förderbeginn und damit gleicher Einspritzbeginn.

Abb. 105 zeigt die Kennlinien für $n = 1200$ U/min und Abb. 106 die Strahllagen im Brennraum für optimale Düsenstellung.

In Abb. 107 sind noch einmal maximal erreichbarer Mitteldruck und minimaler Verbrauch über dem Strahlrichtungswinkel aufgetragen.

Es ergibt sich ein Optimum hinsichtlich Minimalverbrauch und maximaler Belastbarkeit bei einem Strahlrichtungswinkel von 40—50° für den untersuchten Motor. Allerdings ist dieser Wert durch die konstruktiven Gegebenheiten (Brennraumgröße, Lage und Neigung der Düse zum Brennraum) bedingt. Aus Abb. 106 ergibt sich aber allgemein die Forderung, daß sich der Strahlauftreffpunkt auf der Brennraumwand etwa in Mitte Brennraumhöhe befinden soll. Hier erfolgt die Kraftstoffausbreitung auf der Brennraumwand in einem Gebiet, in dem eine hohe Luftwirbelgeschwindigkeit vorhanden ist. Wird tiefer in den Brennraum eingespritzt, so breitet sich der Kraftstoff stärker in der Nähe der Wirbelachse aus, wo die Luftgeschwindigkeit geringer wird und bei hoher Belastung nicht mehr ausreicht, um sämtlichen wandverteilten Kraftstoff rechtzeitig der Verbrennung zuzuführen. Wird andererseits zu flach in den Brennraum eingespritzt, so erfolgt die Kraftstoffausbreitung in einem Gebiet, in dem die Brennraumwandtemperatur zu hoch ist, was zu starker Aufheizung und zu verstärkter Bildung von Zerfallsprodukten führt. Damit erhöht sich bei höherer Belastung die Rußbildung, wodurch die maximale Belastbarkeit herabgesetzt wird.

Die Tatsache, daß die Düse 4 schlechter liegt als die übrigen Düsen, ist aber vermutlich nicht allein darin begründet. Gegenüber den Düsen 1/2/3 ist die optimale freie Strahllänge der Düse 4 etwa 5 mm kürzer. Eine Vergrößerung der freien Strahllänge auf den Wert der übrigen Düsen war nicht möglich, da sie selbst bei Spritzen durch die Brennraummitte, wo allerdings bereits andere und nicht zum Vergleich geeignete Verhältnisse im Verbrennungsablauf vorliegen, noch etwa 2 mm kürzer war.

3.83 Vergleich des Einspritzens in Richtung Einlaß- bzw. Auslaßventil

Bei den bisherigen Versuchen spritzte die Düse stets in Richtung Einlaßventil (in der Draufsicht nach rechts, Abb. 108). Es wurde nun die Düse so verdreht, daß sie nach der linken Brennraumseite in Richtung Auslaßventil spritzte.

Um klare Aussagen zu erhalten, wurden die Versuche mit einer Einlochdüse vom Typ Bosch DLLA durchgeführt. Die Gleichsinnigkeit von Kraftstoffstrahl- und Luftdrehrichtung wurde durch entsprechende Verdrehung des Einlaßschirmventils beibehalten. Für die Strahllagen 1 bis 4 ist der Luftwirbel in Draufsicht linksdrehend, für die Strahllagen 5 und 6 rechtsdrehend. Die Intensität der Luftbewegung ist in beiden Fällen etwa die gleiche. Die Strahllage 1 entspricht dabei extremer Wandaufspritzung mit sehr kurzer freier Strahllänge und hohem Verbrauch, mit Strahllage 4 wird dagegen quer durch den Brennraum gespritzt. Die freie Strahllänge und die luftverteilte Kraftstoffmenge haben hier ihr Maximum. Der Verbrauch liegt relativ hoch.

Die Strahllagen 2 und 3 bzw. 5 und 6 (2 und 6 sowie 3 und 5 liegen jeweils symmetrisch zur Brennraummitte) liefern günstige Verbrauchswerte, wobei für die Strahllagen 2 und 6 der gleiche Verbrauch erzielt wird. Der Vergleich der Strahllagen 3 und 5 zeigt dagegen, daß bei Spritzen in Richtung heißes Auslaßventil (Lage 5) gegenüber Spritzen in Richtung Einlaßventil (Lage 3) eine Verbrauchsverbesserung von etwa 9 g/PSh eintritt. Dabei wird etwa 3 °KW später eingespritzt.

Abb. 108 zeigt den Verlauf von spezifischem Kraftstoffverbrauch und optimalem Förderbeginn über der Strahllage in Kolbendraufsicht.

Der Strahl 6 wird vom heißen Auslaßventil infolge des relativ steilen Einspritzens in den Brennraum nicht weiter beeinflußt (gegenüber Strahl 2 keine Verbrauchs- und FB-Änderung). Der flacher einspritzende Strahl 5 gelangt dagegen mehr in die Nähe des Auslaßventils, wobei der Zündverzug der luftverteilten Kraftstoffmenge durch die stärkere Erwärmung verkürzt wird (Einspritzung muß später erfolgen). Infolge der dadurch in Bezug auf den Einspritzbeginn früher einsetzenden Verbrennung werden vermutlich die Zerfallsreaktionen des von der Wand abdampfenden Kraftstoffes stärker eingeschränkt.

Aus diesen Ergebnissen kann abgeleitet werden, daß der Zündverzug der luftverteilten Kraftstoffmenge für die Güte der Verbrennung von Einfluß ist. Er muß auf die Intensität der Verdampfung des wandverteilten Kraftstoffes abgestimmt sein. Je schneller die Abdampfung des wandverteilten Kraftstoffes vor sich geht, umso kürzer muß der Zündverzug der luftverteilten Kraftstoffmenge sein. Mit kürzerem Zündverzug verringert sich aber auch die zur ersten Zündung gelangende luftverteilte Menge selbst. Damit kann die anfängliche Wärmeentwicklung niedriger gehalten werden, was sich zusätzlich günstig auf die Einschränkung der Zerfallsreaktionen des wandabdampfenden Kraftstoffes auswirkt.

3.84 Überspritzen der oberen Kolbenkante

Um den Einfluß des nach BÖTTGER [3] günstigen Überspritzens der oberen Kolbenkante festzustellen, wurden einige Tastversuche mit einer Dreilochdüse durchgeführt. Strahlrichtungswinkel und Strahlaufbau zeigen die Abbildungen 109 und 110.

Abb. 111 zeigt für zwei Förderbeginne den Einfluß der Düsenstellung auf Verbrauch, Abgastemperatur und Abgastrübung.

Es bilden sich zwei Bereiche minimalen Verbrauches bei $\beta \approx +45°$ und $\beta \approx -35°$ aus. Abb. 112 zeigt für diese beiden Düsenstellungen die Strahllagen. Bei $\beta = -35°$ liegt der Verbrauch nur wenig höher als bei vergleichbaren Einlochdüsen. Die auftretende Differenz von etwa 5 g/PSh dürfte in dem flachen Einspritzen in den Brennraum ihre Ursache haben (vgl. Abschnitt 3.82). Als freie Strahllängen wären infolge der geringen Strahlauflockerung für den Fall, daß kein Überspritzen eintritt, nach Abschnitt 3.66 solche von etwa 45 mm zu erwarten gewesen. Da für die Strahllage $\beta = -35°$ der obere Strahl zu Beginn des Einspritzvorganges die obere Brennraumkante überspritzt, war unter der Voraussetzung konstanter luftverteilter Kraftstoffmenge weiter zu erwarten, daß die freien Strahllängen der auf die Wand auftreffenden Strahlen entsprechend kürzer sind. Das wurde mit den sich ergebenden Strahllängen von 34 und 36 mm bestätigt gefunden.

Bei Vergrößerung der freien Strahllängen zu negativen β-Werten mit gleichzeitig nur geringer Vergrößerung der überspritzten Menge steigen Verbrauch und Abgastrübung ebenso an wie bei Verdrehen zu positiven β-Werten, wo eine Verkleinerung der freien Strahllänge und der überspritzten Menge eintritt.

In diesem Zusammenhang ist auch interessant, daß bei Höhersetzen der Düse und damit verstärktem Überspritzen die optimalen freien Strahllängen der auf die Wand auftreffenden Strahlen kleiner werden. Etwas eigenartig ist das Auftreten eines zweiten Verbrauchsminimums in Abb. 111 mit etwa 10 g/PSh höheren Werten bei etwa gleicher Abgastrübung. Die freien Strahllängen sind dafür mit etwa 4 mm extrem kurz (Abb. 112). Vermutlich tritt bei dieser Strahllage infolge des senkrechten Auftreffens und der sehr geringen Entfernung bis zur Brennraumwand ein Zurückspritzen ein. Durch die senkrecht einströmende Luft wird dabei wahrscheinlich eine große Menge Kraftstoff luftverteilt. Das äußerte sich in der gegenüber dem anderen Verbrauchsminimum größeren Laufhärte des Motors, so daß hier nicht mehr vom M-Verfahren gesprochen werden kann.

Grundsätzlich ist aus diesen Versuchen zu erkennen, daß ein geringes Überspritzen der Brennraumoberkante die Verbrennung praktisch nicht beeinflußt, wobei jedoch die freien Strahllängen der auf die Wand auftreffenden Strahlen entsprechend kürzer sein müssen als die bei Betrieb ohne Überspritzen.

Die von BÖTTGER [3] geforderte mindestens 25% größere freie Strahllänge der auf die Wand aufspritzenden Strahlen gegenüber dem die Kante überspritzenden Strahl kann nicht als allgemeingültig angesehen werden. Es kommt vielmehr auf die gegenseitige Abstimmung der

Einzelstrahlen dahingehend an, daß stets eine für beste Verbrennung optimale luftverteilte Kraftstoffmenge erzeugt wird. Allgemein ergibt sich weiter die Forderung nach Lokalisierung des ersten Zündpunktes, was durch die luftverteilte Menge erreicht wird. Dabei ist es jedoch gleichgültig, ob die erste Zündung über dem Brennraum infolge Überspritzens erfolgt [3], oder ob sie im Brennraum selbst eingeleitet wird [1].

Dagegen muß bei Überspritzen der Kolbenkante zumindest hinsichtlich des oberen Strahles die bereits erwähnte Erhöhung des Verbrauches infolge hoher Wandtemperatur und damit verstärkter Zerfallsneigung des wandverteilten Kraftstoffes als Nachteil angesehen werden.

Hinsichtlich des Verbrennungsgeräusches konnte bei Überspritzen keine merkbare Veränderung festgestellt werden. Nimmt man eine Differenz der Kolbenwandtemperaturen zwischen Brennraumkante und mittleren Bereich der Brennraumwand von etwa 50 °C an, so ergäbe sich nach den Ergebnissen von Blume [10] (Abb. 10) eine Zündverzugsverkürzung von etwa 0,0005 s. Das würde bei 1200 U/min etwa 3,5 °KW entsprechen bzw. einer Verkürzung des Zündverzuges um etwa 25% gegenüber vollständigem Einspritzen in den Brennraum. Bedenkt man jedoch, daß zur ersten Zündung nur eine kleine Teilmenge (nach [1] etwa 5% der Gesamtmenge) gelangt, so dürfte eine nochmalige Verringerung dieser Teilmenge um etwa 1/4 einen kaum meßbaren Unterschied im anfänglichen Druckanstieg ergeben.

3.85 Einfluß der Kolbenkühlung

Nach [1] ist die Temperatur der Brennraumwand beim M-Verfahren von Einfluß auf die Gemischaufbereitung. Die Brennraumwand soll relativ kühl sein, damit die Aufbereitung des wandverteilten Kraftstoffes nicht zu stark beschleunigt wird. Am Versuchsmotor wurde aus diesem Grunde der Kolbenboden mit Spritzöl durch 2 feststehende Spritzdüsen im Kurbelgehäuse gekühlt. Der Ölüberdruck wurde bei den Untersuchungen mit $p_{öl} = 3$ kp/cm² konstant gehalten.

Abb. 113 zeigt die Verbrauchskurven mit ($p_{öl} = 3$ kp/cm²) und ohne Kolbenkühlung ($p_{öl} = 0$) für die Bosch-Düse DLLA 27S50 bei $n = 1200$ U/min und $p_e = 5$ kp/cm². Es zeigt sich, daß für diesen Betriebspunkt die Kolbenkühlung bzw. die Temperatur der Brennraumwand keinen Einfluß auf den Verbrauch hat, wobei allerdings bei heißerer Wand später eingespritzt werden muß. Das liegt daran, daß auf Grund der bei Einspritzbeginn höheren Temperatur im Brennraum zum einen der Zündverzug der luftverteilten Kraftstoffmenge geringer wird und zum anderen die Aufbereitung und Verbrennung des wandverteilten Kraftstoffes schneller vor sich geht. Im untersuchten Betriebspunkt stellen sich die Verhältnisse so ein, daß der Wirkungsgrad der Verbrennung mit und ohne Kolbenkühlung gleichgut ist. Mit steigender Belastung (Abb. 114) wird dagegen die Verbrennung ohne Kolbenkühlung etwas schlechter, was sich in höherem Verbrauch und geringerer maximaler Belastbarkeit äußert. Durch die ansteigenden Gastemperaturen wird infolge der intensiveren Aufbereitung des wandverteilten Kraftstoffes die Bildung von Zerfallsreaktionen stärker gefördert. Die Folge ist stärkere Rußbildung (Herabsetzung der Rauchgrenze) und unvollständige Verbrennung.

Allerdings muß in diesem Zusammenhang darauf hingewiesen werden, daß die Lage des Strahlauftreffpunktes bzw. der Ausbreitungsfläche auf der Brennraumwand einen Einfluß auf die Auswirkung der Intensität der Kolbenkühlung hat.

So wird die Temperatur des Brennraumbodens am stärksten durch die Kolbenkühlung beeinflußt, wogegen die höhergelegenen Zonen der Brennraumwand mit steigendem Abstand vom Boden immer weniger beeinflußt werden.

Abb. 115 zeigt die Kennlinien für 2 Einlochdüsen, bei denen die eine relativ steil und die andere relativ flach in den Brennraum einspritzt. Es ist ersichtlich, daß bei flachem Einspritzen die Kühlung des Kolbenbodens im gesamten Belastungsbereich keinen Einfluß auf die Verbrennung hat. Dagegen werden bei steilem Einspritzen ohne Kolbenkühlung etwas bessere Werte als mit Kühlung erreicht. Erst bei hoher Belastung steigen die Verbrauchswerte über die mit Kolbenkühlung an. Dort erfolgt also die Kraftstoffaufbereitung wieder zu rasch, wogegen im Belastungsbereich darunter die Aufbereitung durch die gekühlte Brennraumwand zu stark verzögert wird.

Vergleicht man die Verhältnisse der Ein- und Zweilochdüse, so ergibt sich in einem bestimmten Belastungsbereich mit der Einlochdüse eine Verbesserung der Verbrennung ohne Kolbenkühlung. Auf Grund der größeren flächenmäßigen Ausbreitung des wandverteilten Kraftstoffes bei der Zweilochdüse (etwa doppelte Fläche gegenüber Einlochdüse) wird pro Zeiteinheit mehr Kraftstoff verdampfen und mit der Luft vermischen als bei der Einlochdüse. Bei Verringerung der Kolbenkühlung und damit Vergrößerung der Brennraumwandtemperatur wird die pro Zeiteinheit verdampfende Menge noch ansteigen.

Um auch dabei noch optimale Verbrennung zu erreichen, müßte vermutlich die dem verdampften Kraftstoff zugeführte Luftmenge bzw. ihre Geschwindigkeit auch größer werden.

Bei der Einlochdüse liegen die Verhältnisse etwas anders. Hier wird pro Zeiteinheit weniger Kraftstoff verdampft. Auch bei steigendem verdampften Kraftstoffanteil infolge höherer Wandtemperatur reicht demzufolge die Luftgeschwindigkeit noch aus, um gute Gemischbildung zu gewährleisten.

Andererseits ist die Dicke der wandverteilten Kraftstoffschicht größer als bei der Zweilochdüse, wodurch der Verdampfungsvorgang länger andauert. Um aber die Verbrennung rechtzeitig zum Abschluß zu bringen, ist eine Beschleunigung des Verdampfungsvorganges zum Ende hin durch stärkere Aufheizung der Brennraumwand von Vorteil.

Eine Bestätigung brachte noch ein Versuch mit einer Zweilochdüse, die gegenüber der Bosch-Zweilochdüse eine wesentlich geringere Stahlauflockerung hatte. Durch die dabei geringere Ausbreitung auf der Brennraumwand und die pro Flächenteil der Brennraumwand vorhandene größere Kraftstoffmenge sank der Verbrauch bei $n = 1200$ U/min und $p_e = 5$ kp/cm² bei Abschalten der Kolbenkühlung um etwa 3 g/PSh ab (Abb. 116).

Zusammenfassend kann gesagt werden, daß die erforderliche Kolbenkühlung in gewissem Grad vom Strahlaufbau und von den thermischen Verhältnissen im Brennraum abhängt, daß aber bei großer flächenmäßiger Ausdehnung des wandverteilten Kraftstoffes und grundsätzlich für hohe Belastungen die Brennraumwand relativ kühl sein soll.

Unter Umständen muß dabei allerdings ein Kompromiß zwischen maximaler Belastbarkeit und minimalem Teillastverbrauch geschlossen werden.

In diesem Zusammenhang muß auch die Tatsache Berücksichtigung finden, daß durch niedrigere Brennraumwandtemperatur das Verbrennungsgeräusch verringert wird.

3.86 Verbrennungsgeräusch

Abb. 117 zeigt die Maxima der ersten und zweiten Ableitung des Druckes, die ein gewisses Maß für die Größe des Verbrennungsgeräusches darstellen, in Abhängigkeit von der freien Strahllänge. Mit größerer freier Strahllänge tritt verstärktes Geräusch auf, d. h. hinsichtlich des Verbrennungsgeräusches soll die freie Strahllänge und damit die luftverteilte Kraftstoffmenge klein sein. Je kleiner die nach der Zündverzugszeit zuerst verbrennende Kraftstoffmenge ist, um so weicher setzt die Verbrennung ein. Natürlich muß hier ein Kompromiß geschlossen werden, da die geräuschmäßig günstigste freie Strahllänge für gute Verbrennung (minimaler Verbrauch) zu klein ist. Die Verbrennung verläuft zu schleppend, weil durch die zu kleine verbrennende Anfangsmenge die Gastemperatur im Brennraum nicht hoch genug ansteigt, um die Umsetzung des wandverteilten Kraftstoffes rechtzeitig bzw. mit hohem Wirkungsgrad erfolgen zu lassen (s. hierzu Abschnitt 3.61).

Zum Vergleich Ein- und Zweilochdüse kann gesagt werden, daß mit der Einlochdüse ein etwas höheres Verbrennungsgeräusch zu erwarten ist. Das ist durch die dickere Kraftstoffschicht auf der Brennraumwand bedingt, was zu stärkerer Aufheizung der Oberfläche durch die heißen Gase im Brennraum führt. Das kann zumindest anfangs zu einer Vergrößerung der pro Zeiteinheit der Verbrennung zugeführten Kraftstoffmenge und damit zu einer Vergrößerung des Druckanstieges führen. Entsprechende Ergebnisse brachten auch Versuche mit unterschiedlicher Strahlauflockerung, wo mit Verringerung der Strahlauflockerung und damit größerer Kraftstoffkonzentration pro Flächenteil das Verbrennungsgeräusch anstieg.

Das läßt den Schluß zu, daß hinsichtlich des Verbrennungsgeräusches eine große flächenmäßige Ausbreitung des Kraftstoffes auf der Brennraumwand notwendig ist.

Hiermit läßt sich auch das etwas höhere Geräusch beim 1 NVD 14 gegenüber dem MAN D 1246 M2 erklären. Bei ersterem ist infolge des kleineren Brennraumvolumens bei etwa gleicher geometrischer Ausführung des Brennraumes eine stärkere Wandkrümmung vorhanden, was eine geringere flächenmäßige Ausbreitung zur Folge hat.

3.9 Anwendung des M-Verfahrens für höhere Drehzahlen

Es wurde in den entsprechenden Abschnitten festgestellt, daß

a) von der Verbrennung her dem M-Verfahren bei Drehzahlen um 2000 U/min noch keine Grenze gesetzt ist (3.43),

b) jedoch die relativ starke Liefergradverschlechterung mit steigenden Drehzahlen (besonders bei Verwendung von Schirmventilen) bei der Anwendung für höherer Drehzahlen bei gleichzeitig gutem Mitteldruck zu Schwierigkeiten führt (2.4 und 3.74).

Diese beiden Punkte müssen insofern im Zusammenhang betrachtet werden, als eine gute Verbrennung auch bei hohen Drehzahlen nur dann erfolgen kann, wenn der Luftüberschuß noch genügend hoch ist (im Abschnitt 3.74 ergab sich für den MAN D 1246 M2 als Kleinstwert an der Rauchgrenze $\lambda_R \approx 1{,}3$).

Es muß demnach das Hauptaugenmerk auf einen flachen Verlauf der Rauchgrenze mit steigender Drehzahl und damit auf große Belastungsbereiche mit Luftüberschußzahlen $>\lambda_R$ gerichtet werden. In letzterem liegt entsprechend Punkt b) die Schwierigkeit, da durch die Liefergradverringerung die Luftüberschußzahlen ebenfalls verringert werden. Das Hauptproblem ist demnach die Verbesserung des Liefergrades für hohe Drehzahlen. Das darf jedoch nicht auf Kosten der Luftwirbelintensität geschehen, da sonst die Verbrennungsdauer vergrößert und der Drehzahlsteigerung von dieser Seite her wieder eine Grenze gesetzt wird.

3.10 Vergleich der Motoren MAN D 1246 M2 und 1 NVD 14

Tabelle 5 zeigt einige Vergleichswerte der beiden Motoren bei $n = 1200$ U/min. Es wurde stets die gleiche Einspritzdüse Bosch DLLA 27S50 verwendet. Ebenso waren die Einspritzgesetze etwa gleich.

Der indizierte Verbrauch über der Belastung wurde bereits in Abb. 33 mit dargestellt. Für den etwas steileren Verbrauchsanstieg mit steigender Belastung und die geringere maximale Belastbarkeit bei 1 NVD 14 dürfte in erster Linie neben der etwas kleineren Wirbelintensität der Luft der niedrigere Liefergrad des 1 NVD 14 die Ursache sein. Hinzu kommt, daß der Luftüberschuß an der Rauchgrenze beim 1 NVD 14 höher sein muß. Das resultiert aus dem gegenüber dem MAN D 1246 M2 geringeren prozentualen Anteil des Brennraumvolumens am gesamten Verdichtungsraum. Es muß also angestrebt werden, diesen Anteil möglichst groß werden zu lassen, wobei größervolumige Motoren im Vorteil sind. Die mittlere optimale freie Strahllänge ist beim 1 NVD etwa 1,5 mm kürzer. Berücksichtigt man, daß die Einspritzung beim MAN D 1246 M2 später liegt, so würde für vergleichsweise Einspritzung bei gleicher Luftdichte diese Differenz noch etwas größer werden.

Tabelle 5

Vergleichswerte MAN D 1246 M2 — 1 NVD 14

		MAN D 1246 M2	1 NVD 14
Verdichtungsverhältnis		17	15,5
Brennraumvolumen	cm^3	78	58
in % des Gesamtverdichtungsraumes	%	90	76
Luftdichte bei Einspritzbeginn ϱ_{EB}	kg/m^3	10,6	8,3
Einspritzbeginn EB	°KW v. OT	vgl. Bild 119	
Zündverzug ZV	°KW	11	13
Verbrennungsbeginn VB		vgl. Bild 119	
Mittl. opt. freie Strahllänge L_f	mm	41	39,5
Mittl. opt. Auftreffwinkel τ	grd	40	45
Luftwirbelintensität (Anemometerdrehzahl)	U/min	≈1800	≈1700
Liefergrad λ_L bei n = 1200 U/min (Vollast)		≈0,9	≈0,85
Luftüberschußzahl λ an der Rauchgrenze		≈1,3	≈1,5
Verbrauch (Belastbarkeit)		vgl. Bild 33	
$\frac{dp}{d\alpha}$	$\frac{kp}{cm^{2^\circ} KW}$	2,5 – 4,0*)	5,5**)
$\frac{d^2p}{d\alpha^2}$	$\frac{kp}{cm^{2^\circ} KW^2}$	0,6 – 1,1*)	1,3**)

*) Bereich p_i = 5,7 – 8,2 kp/cm²

**) p_i = 7,5 kp/cm²

Für die kürzere freie Strahllänge beim 1 NVD 14 im Zusammenhang mit der damit auch kleineren luftverteilten Kraftstoffmenge können zunächst folgende Ursachen gelten:

a) unterschiedliche Wirbelintensität der Verbrennungsluft,

b) unterschiedliche anteilige während des Zündverzuges eingespritzte Kraftstoffmenge,

c) unterschiedliche Temperaturverhältnisse im Brennraum.

Die Wirbelintensität ist beim MAN D 1246 M2 nur wenig größer als beim 1 NVD 14, so daß sie nicht als Ursache in Frage kommt, zumal eine größere Wirbelintensität außerdem kleinere optimale freie Strahllängen bedingt. Ebenso muß auf Grund der gewonnenen Erkenntnis, daß sich die freie Strahllänge mit steigender Belastung und damit steigender Einspritzmenge praktisch nicht ändert, Punkt b) als Ursache ausscheiden.

Demzufolge können als Grund für die unterschiedlichen Strahllängen unterschiedliche Temperaturverhältnisse im Brennraum angesehen werden. Beim MAN D 1246 M2 dürfte infolge der größeren wärmeabgebenden Flächen das Temperaturniveau niedriger sein als beim 1 NVD 14. Die Folge ist eine notwendige stärkere Temperaturerhöhung durch die anfangs verbrennende luftverteilte Kraftstoffmenge, um die Aufbereitung und Verbrennung des wandverteilten Kraftstoffes mit bestem Wirkungsgrad ablaufen zu lassen. Damit ergibt sich als Vorteil aber eine geringere anfängliche Wärmeentwicklung und geringerer Druckanstieg beim Verbrennen des wandverteilten Kraftstoffes (vgl. Brenngesetze Abb. 118). Der Abschluß der Verbrennung erfolgt bei beiden Motoren etwa zum gleichen Zeitpunkt, wogegen der Verbrennungsbeginn für den 1 NVD 14 früher liegt. Der flache Brenngesetzauslauf beim 1 NVD 1 läßt darauf schließen, daß entweder die Luftgeschwindigkeit im Brennraum geringer ist als beim MAN D 1246 M2 und zwar vermutlich noch kleiner als es die in der Tabelle eingetragenen Anemometerzahlen angeben oder aber, daß grundsätzlich bei kleinerem Brennraumvolumen eine größere Luftgeschwindigkeit für gleichgute Verbrennung erforderlich ist.

Der Einfluß einer dieser Größen oder beider zusammen wirkt sich so aus, daß unter Beibehaltung eines zeitigen Verbrennungsendes zwangsläufig der Beginn der Verbrennung unter Inkaufnahme anfänglicher stärkerer Wärmeentwicklung beim 1 NVD 14 früher liegen muß. Damit muß sich auch der Einspritzbeginn nach früher verschieben und zwar in noch etwas stärkerem Maße als der Verbrennungsbeginn, da der Zündverzug größer wird (Abb. 119).

4. Zusammenfassung der aus den Versuchen gewonnenen wesentlichen Erkenntnisse

Grundsätzlich ergibt sich die Erkenntnis, daß beim M-Verfahren eine Wechselwirkung zwischen luftverteiltem und wandverteiltem Kraftstoff besteht. Dabei richtet sich die für beste Verbrennung optimale Größe der luftverteilten Kraftstoffmenge nach den Bedingungen, denen die Abdampfung des wandverteilten Kraftstoffes unterliegt. Diese Bedingungen sind einmal durch die Kraftstoffschichtdicke bzw. durch die Größe der mit Kraftstoff bedeckten Wandfläche und zum anderen durch die Temperaturverhältnisse im Brennraum und auf der mit Kraftstoff bedeckten Brennraumwand gegeben. Daneben hat noch die Größe der Luftbewegung einen entscheidenden Einfluß auf die Intensität des Gemischbildungsablaufes und damit auch auf den Ablauf der Verbrennung und auf ihre Dauer.

Während des Zündverzuges wird eine bestimmte luftverteilte Kraftstoffmenge gebildet, die die erste Zündung einleitet. Ihre Größe ist zunächst für das Einleiten der Zündung von untergeordneter Bedeutung. Es tritt auch bereits bei sehr kleinen freien Strahllängen, sofern die Strahlauflösung vor dem Auftreffen auf die Wand bereits begonnen hat, eine Zündung des aus dem Strahlmantel abgespaltenen Kraftstoffanteils ein.

Die Aufbereitung des auf die Wand aufgespritzten Kraftstoffes wird durch die Kühlwirkung der Brennraumwand verzögert. Dabei ist bei Einsetzen der Zündung durch die luftverteilte Menge seine Aufbereitung um so weiter fortgeschritten, je heißer die Brennraumwand und je stärker die Kraftstoffschicht ist. Bei stärkerer Kraftstoffschicht wird ihre brennraumseitige Oberfläche infolge der geringeren Durchkühlung der Schicht von der Wand her stärker aufgeheizt und die Aufbereitung und Verdampfung beschleunigt. Nach Einsetzen der ersten Zündung erfolgt entsprechend der Größe der zuerst zur Verbrennung gelangenden luftverteilten Kraftstoffmenge ein mehr oder weniger starker Druck- und Temperaturanstieg. Dadurch wird auch die weitere Verdampfung des wandverteilten Kraftstoffes mehr oder weniger stark beschleunigt.

Ist die Aufbereitung des wandverteilten Kraftstoffes z. B. durch große Flächenkonzentration schon relativ weit fortgeschritten, so reicht eine kleine verbrannte Anfangsmenge und damit geringe Temperatursteigerung aus, um die Verbrennung in ihrem Anfangsstadium wirksam zu beschleunigen. Ist andererseits die Temperaturerhöhung infolge größerer verbrannter Anfangsmenge zu groß, so führt das zur verstärkten Bildung von Zerfallsprodukten, was einmal zu verstärkter Rußbildung oder zu nicht rechtzeitiger Umsetzung der gebildeten Zwischenprodukte (verschleppte Verbrennung) führen kann.

Bei verzögerter Aufbereitung des wandverteilten Kraftstoffes, z. B. durch kleine Kraftstoffschichtdicke und intensive Wandkühlung muß dagegen durch Verbrennung einer größeren Anfangsmenge und damit verbundenem stärkereren Druck- und Temperaturanstieg eine Beschleunigung des Aufbereitungs- und Verdampfungsvorganges des wandverteilten Kraftstoffes vorgenommen werden. Andernfalls würde die Verbrennungsgeschwindigkeit im OT-Bereich für besten Wirkungsgrad zu klein werden.

Hinsichtlich niedrigen Verbrennungsgeräusches scheint es bei dem Zusammenwirken der beiden Faktoren luftverteilte Menge und Kraftstoffausbreitung auf der Wand ein Optimum zu geben, da der Druckanstieg sowohl von der zur ersten Zündung gelangenden Menge als auch von der anfänglichen Beschleunigung der Umsetzung des von der Wand abdampfenden Kraftstoffes abhängt. Nach den im Rahmen der vorliegenden Untersuchungen erzielten Ergebnissen hat es den Anschein, als ob der Einfluß der durch den wandabdampfenden Kraftstoff erzielten Drucksteigerung überwiegt. Das berechtigt zu der Forderung, daß hinsichtlich Verbrennungsgeräusch die Wandfilmstärke des wandverteilten Kraftstoffes bei guter Durchkühlung klein sein soll.

Für den Verbrennungsverlauf im Bereich nach OT ist in erster Linie die Größe der Luftgeschwindigkeit von Bedeutung. Eine hohe Luftgeschwindigkeit intensiviert die Vermischung des wandabdampfenden Kraftstoffes mit der Verbrennungsluft und hält damit die Verbrennungsgeschwindigkeit auch während der Expansion noch genügend hoch. Die notwendige Intensität der Luftbewegung ist aber auch von der Größe der mit Kraftstoff bedeckten Wandfläche abhängig. Da die Wirkung der Brennraumwandkühlung mit fortschreitender Verbrennung infolge der im OT-Bereich stark steigenden Gastemperaturen immer geringer wird, wird bei größerer Flächenausbreitung pro Zeiteinheit eine größere Kraftstoffmenge abdampfen. Für ihre gute Vermischung und zum Heranführen von genügend Sauerstoff zur Verbrennung ist eine höhere Luftgeschwindigkeit erforderlich, da sonst durch Sauerstoffmangel die Zerfallsneigung und Rußbildung begünstigt werden kann. Unabhängig davon ist aber grundsätzlich darauf hinzuweisen, daß die Luftbewegung in entsprechender Abstimmung mit den übrigen Parametern — luftverteilter Kraftstoffanteil, Ausbreitung des Kraftstoffes auf der Wand, Brennraumwandkühlung — so groß als möglich sein soll, da nur damit eine der Ottoverbrennung nahekommende hohe Wärmeentwicklungsgeschwindigkeit zum Ende der Verbrennung hin erzielt werden kann. Es ergibt sich daher die Aufgabe, eine solche Steigerung der Wirbelintensität mit den verfügbaren Mitteln ohne großen Liefergradverlust zu erreichen. Mit dem Vorhandensein einer hohen Luftgeschwindigkeit ist noch ein weiterer Vorteil verbunden. Die Aufbereitung und Abdampfung des wandverteilten Kraftstoffes kann durch die starke Beschleunigung in der zweiten Verbrennungsphase anfangs stärker verzögert werden. Es ist demnach zur Einleitung der ersten Zündung eine geringe luftverteilte Kraftstoffmenge notwendig, ohne daß die Flächenkonzentration des wandverteilten Kraftstoffes erhöht werden muß. Damit können geringerer Druckanstieg und niedrigeres Verbrennungsgeräusch erreicht werden.

Ergänzend zu dieser Darstellung der Vorgänge beim M-Verfahren wird im folgenden in Form von Thesen ein zusammenfassender Überblick über die sich aus den Versuchen ergebenden Merkmale bzw. Forderungen gegeben, die bei der Anwendung eines solchen Dieselverbrennungsverfahrens zu beachten sind:

1. Der Einfluß des Förder- bzw. Einspritzbeginns auf den Kraftstoffverbrauch ist besonders bei niedriger Belastung und höherer Drehzahl gering. Das erlaubt eine einfache Anpassung von Verstellorganen.

2. Eine Veränderung der Einspritzgesetzform wirkt sich bei konstanter Einspritzdauer auf die Verbrennung praktisch nicht aus, sofern kein Nachspritzen auftritt und ein flacher Auslauf des Einspritzgesetzes vermieden wird.

3. Hinsichtlich Verbrauch und Belastbarkeit existiert eine optimale Einspritzdauer, die mit größerer Strahlauflockerung bzw. größerer Flächenausbreitung des wandverteilten Kraftstoffes kleinere Werte annimmt.

4. Für unterschiedliche Strahlauflockerung ist bei jeweils optimaler Einspritzdauer der Einspritzgebinn etwa der gleiche.

5. Für konstante Einspritzdauer verschiebt sich dagegen mit größerer Strahlauflockerung die Einspritzung nach früher, während der Beginn der Verbrennung gleich bleibt.

6. Es ergibt sich hinsichtlich des Kraftstoffverbrauches eine bevorzugte freie Strahllänge.

7. Diese ändert sich mit Drehzahl und Belastung praktisch nicht.

8. Die freie Strahllänge ist abhängig von

a) Strahlauflockerung (bei größerer Auflockerung kleiner),

b) Strahlzahl (bei Zweilochdüsen etwas größer als bei Einlochdüsen),

c) Luftdichte bei Einspritzbeginn infolge der dichteabhängigen Strahlauflösung und damit vom Einspritzzeitpunkt je nach Einspritzdauer (mit größerer Luftdichte kleiner),

d) Größe der Luftbewegung (bei stärkerem Luftwirbel kleiner),

e) Größe der während des Zündverzuges eingespritzten Kraftstoffmenge.

Es findet also eine gegenseitige Beeinflussung dieser Faktoren in Hinsicht auf jeweils für die Verbrennung optimale luftverteilte Kraftstoffmenge statt.

9. Diese optimale Menge ist von der Größe der mit Kraftstoff bedeckten Wandfläche und der Kraftstoffschichtdicke (d. h. von Strahlauflockerung und Strahlzahl) sowohl von dem Temperaturverhältnissen im Brennraum abhängig.

10. Bei Überschreiten der optimalen luftverteilten Kraftstoffmenge wird die Verbrennung infolge Nachbrennen verschlechtert, wogegen bei Unterschreitung der Anlauf der Verbrennung zu langsam erfolgt.

11. Hinsichtlich niedrigem Verbrennungsdruck und niedrigem Verbrennungsgeräusch soll die freie Strahllänge und damit die die erste Zündung einleitende luftverteilte Kraftstoffmenge klein sein.

12. Bei Verwendung von Mehrlochdüsen müßte die freie Strahllänge für alle Kraftstoffstrahlen gleich sein bzw. müßte bei unterschiedlichen freien Strahllängen deren Mittelwert der bevorzugten freien Strahllänge entsprechen.

13. Bei geringem Überspritzen der oberen Brennraumkante ergeben sich für die auf die Brennraumwand auftreffenden Strahlen geringere freie Strahllängen als beim Aufspritzen sämtlicher Strahlen auf die Wand, da durch den über die Brennraumkante spritzenden Strahl bereits ein größerer Kraftstoffanteil luftverteilt wird.

14. Die Neigung des Kraftstoffstrahles zur Kolbenachse hat Einfluß auf die Verbrennung, wobei sowohl bei flachem als auch zu steilem Einspritzen in den Brennraum der Verbrauch ansteigt und die Belastbarkeit sinkt.

15. Die Größe der Ausdehnung der wandverteilten Kraftstoffschicht ist bei entsprechender Abstimmung der luftverteilten Kraftstoffmenge hinsichtlich des Verbrauches von untergeordneter Bedeutung, Es ist deshalb zunächst gleich, ob mit nur einem Strahl oder mit mehreren entsprechend gerichteten Strahlen eingespritzt wird.

16. Dagegen soll hinsichtlich geringer Abgastrübung bei hoher Belastung, d. h. maximaler Belastbarkeit und hinsichtlich niedrigem Verbrennungsgeräusch eine möglichst große Wandfläche mit einer dünnen Kraftstoffschicht bedeckt werden.

17. Die Intensität der Kolbenkühlung ist in gewissem Grade vom Strahlaufbau abhängig, sie darf hinsichtlich guter Verbrennung weder zu stark (Verzögerung der Aufbereitung und Verbrennung) noch zu wenig wirksam sein (Beschleunigung des Kraftstoffzerfalls).

18. In bezug auf Verbrennungsgeräusch und maximale Belastbarkeit ist aber grundsätzlich eine Kolbenkühlung erforderlich.

19. Es muß für wirtschaftliche Verbrennung und geringe Abgastrübung eine starke, um die Zylinderachse drehende Luftbewegung vorhanden sein.

20. Es ergibt sich ein Optimum der Luftbewegung hinsichtlich Verbrauch und Belastbarkeit, das grundsätzlich beim M-Verfahren sehr hoch liegt.

21. Dabei ist die Größe der Luftbewegung zum einen von der Belastung abhängig (bei kleinerer Belastung ist auch kleinere Wirbelintensität nötig) und zum anderen von der Größe der flächenmäßigen Ausbreitung des wandverteilten Kraftstoffes (stärkere Ausbreitung z. B. bei Mehrlochdüsen erfordert höhere Luftgeschwindigkeit).

22. Neben hoher Luftgeschwindigkeit ist für maximale Belastung und vor allem zum Erreichen hoher Drehzahlen bei der Ausbildung der Einlaßorgane auch Wert auf einen großen Liefergrad zu legen.

23. Der Anteil des Brennraumvolumens am gesamten Verdichtungsvolumen soll zum Erreichen niedriger Luftüberschußzahlen an der Rauchgrenze (Erzielung hoher Belastbarkeit) möglichst groß sein.

24. Es muß Gleichsinnigkeit von Luftdrehrichtung und Kraftstoffstrahlrichtung vorhanden sein.

25. Die Verbrennung kann hinsichtlich des Kraftstoffverbrauches durch den Einfluß des heißen Auspuff-Ventiltellers gegenüber Einspritzen in Richtung des relativ kühlen Einlaßventils verbessert werden.

26. Bei heißerer Brennraumwand muß infolge der schneller vor sich gehenden Verbrennung später eingespritzt werden, da die Aufbereitung der wandverteilten Menge beschleunigt wird.

27. Es ergibt sich beim M-Verfahren die Forderung nach Lokalisierung des ersten Zündpunktes durch die luftverteilte Menge. Dabei ist es gleich, ob die erste Zündung über dem Brennraum infolge Überspritzens der Kante oder im Brennraum selbst erfolgt.

28. Die Verbrennung ist beim M-Verfahren etwa 30—40 °KW früher abgeschlossen als bei den übrigen Dieselverbrennungsverfahren.

29. Von der Verbrennung her sind dem M-Verfahren zu höheren Drehzahlen hin keine Grenzen gesetzt.

5. Schluß

Mit dieser Arbeit soll dem Versuchsingenieur die Möglichkeit gegeben werden, bestehende Einflüsse bei der Entwicklung eines geräuscharmen Dieselverbrennungsverfahrens schon von vornherein zu berücksichtigen. Dabei haben die dargestellten Ergebnisse grundsätzlich auch für Direkteinspritzverfahren, die vom M-Verfahren etwas abweichen, unter entsprechender Berücksichtigung dieser Abweichungen Gültigkeit. Allerdings muß darauf hingewiesen werden, daß mit Hilfe vorliegender Ergebnisse nur eine Grobanpassung für eine Neuentwicklung möglich ist. Die letzten Feinheiten, vor allem hinsichtlich Wirtschaftlichkeit und Leistungsfähigkeit, müssen trotzdem noch dem Prüfstandsversuch vorbehalten bleiben. Dabei verhelfen aber die gegebenen Einblicke in den Verbrennungsablauf zu zielstrebigem Vorgehen.

LITERATURVERZEICHNIS

[1] Meurer, Das MAN-M-Verbrennungsverfahren. ATZ **58** (1956) H. 4 u. 5, S. 94 u. 127.

[2] Oschatz, Einfluß des konstruktiven Aufbaues der Einspritzdüse auf Strahlform und Strahlaufbereitung. Deutsche Kraftfahrtforschung, Zwischenbericht Nr. 111 (1942) S. 1.

[3] Böttger, Ursachen der klopffreien Dieselverbrennung. Maschinenbautechnik **7** (1958) H. 9 u. 11, S. 482 u. 601.

[4] Mehlig, Zur Physik der Brennstoffstrahlen in Dieselmaschinen. ATZ **37** (1934) H. 16, S. 411.

[5] Oschatz, Versuche zur Frage der Kraftstoffaufbereitung durch die Einspritzdüse. Deutsche Kraftfahrtforschung Nr. 57/1941.

[6] Thiemann, Zerstäubung und Auflösung des Kraftstoffstrahles in Einspritz-Dieselmotoren. ATZ **38** (1935) H. 19, S. 484.

[7] Eisfeld, Der Einfluß der Luftbewegung auf die Kraftstoffverteilung im Brennraum eines Dieselmotors mit Luftdrehung. DFL-Bericht Nr. 136/1961.

[8] Pflaum, Gemischbildung, Verbrennung und Brennstoffverbrauch bei Dieselmotoren. MTZ **4** (1942) H. 7, S. 243.

[9] Meurer, Möglichkeiten zur Weiterentwicklung von Fahrzeugdieselmotoren. MTZ **6** (1944) H. 1/2, S. 3.

[10] Blume, Gemischbildung und Verbrennung in der Bombe. Deutsche Kraftfahrtforschung, Zwischenbericht Nr. 91 (1940) S. 43.

[11] Blume, Gemischbildung und Verbrennung im Dieselverfahren beim Aufspritzen des Kraftstoffes. ATZ **46** (1943) H. 2, S. 36.

[12] Schmidt, Vergleichende Untersuchungen der Verbrennungs- und Arbeitsvorgänge an Motoren verschiedener Arbeitsverfahren. Z.-VDI **80** (1936) Nr. 25, S. 769.

[13] F. Pischinger, Bombenversuche über den Zündverzug bei der Dieselverbrennung. MTZ **21** (1960) H. 1, S. 1.

[14] Serbinow, Die Bedeutung physikalischer und chemischer Vorgänge bei der Selbstentzündung zerstäubter flüssiger Kraftstoffe. ZNIDI (Moskau) Nr. 18 (1950) S. 99.

[15] Wentzel, Zum Zündvorgang im Dieselmotor. Forsch. Ing. Wesen **6** (1935) Nr. 3, S. 105.

[16] Schmidt, Theoretische Untersuchungen und Versuche über Zündverzug und Klopfvorgang. VDI-Forschungsheft Nr. 392 (1938) S. 1.

[17] Wolfer, Der Zündverzug im Dieselmotor. VDI-Forschungsheft Nr. 392 (1938) S. 15.

[18] Wentzel, Der Zünd- und Verbrennungsvorgang im kompressorlosen Dieselmotor. VDI-Forschungsheft Nr. 366 (1934).

[19] Erbakan, Theorie über die Vorgänge bis zur Zündung im Dieselmotor. Dissertation TH Aachen 1953.

[20] Boerlage und Broeze, Zündung und Verbrennung im Dieselmotor. VDI-Forschungsheft Nr. 366 (1934).

[21] Erichsen, Verbrennung im Dieselmotor. VDI-Forschungsheft Nr. 377 (1936) S. 21.

[22] Sokolik, Von der physikalischen und chemischen Natur der Selbstentzündung und Verbrennung im Dieselmotor mit Entzündung durch Verdichtungswärme. ZNIDI (Moskau) Nr. 18 (1951) S. 35.

[23] A. Pischinger, Probleme der Verbrennung im Dieselmotor. Österr. Ing.-Zeitschrift **3** (1960) H. 1, S. 1.

[24] Hinze, Zum Einfluß der Wärmeverluste auf den Wirkungsgrad von Dieselmotoren. Abhandlungen der Deutschen Akademie der Wissenschaften zu Berlin, Klasse für Mathematik, Physik u. Technik **1963**, Nr. 1.

[25] Kneule, Beitrag zur Erforschung des Verbrennungsvorganges im schnellaufenden Dieselmotor. Deutsche Kraftfahrtforschung (1938) H. 5.

[26] Pischinger, List — Die Verbrennungskraftmaschine. Bd 7, Gemischbildung im Dieselmotor. Springer-Verlag, Wien 1957.

[27] Sokolik, Kinetische Deutung des M-Prozesses. Vortrag auf der Tagung „Gemischbildung und Verbrennung", Moskau 1958.

[28] A. Pischinger und F. Pischinger, Der Einfluß der Wand bei der Verbrennung eines Brennstoffstrahles in einem Luftwirbel. MTZ **20** (1959) H. 1, S. 4.

[29] Holfelder, Zündung und Verbrennung bei der Diesel-Brennstoff-Einspritzung. VDI-Forschungsheft, Heft 374 (1935).

[30] Semjonow und Sokolik, Untersuchung der Turbulenz eines Kolbenmotors. Kurze Mitteilungen, Moskau 1957.

[31] Kožoušek, Natürliche Luftströmung bei Dieselmotoren mit Direkteinspritzung. Technické Zprávy (1957) H. 7–8, S. 17.

[32] Triebnigg, Strömungsvorgänge im Verbrennungsraum von Dieselmotoren. MTZ **13** (1952) H. 10, S. 237.

[33] Zinner, Gemischbildung im Saurer-Dieselmotor. Deutsche Kraftfahrtforschung (1939) H. 24.

[34] F. Pischinger, Entwicklungsarbeiten an einem Verbrennungssystem für Fahrzeugdieselmotoren. ATZ **65** (1963) H. 1, S. 11.

[35] Meurer, Die Erzeugung von Drehbewegungen der Luft in den Zylindern schnellaufender Viertaktdieselmaschinen durch die Einlaßorgane. MAN-Forschungsheft 1951.

[36] Zimmer, Stationäre Strömungsuntersuchungen an Einlaßkanalmodellen für Viertaktdieselmotoren. Kraftfahrzeugtechnik **11** (1961) H. 6 u. 7, S. 228 u. 277.

[37] Wiebicke, Einfluß der Abmessungen des Schirm-Einlaßventiles auf Mitteldruck, Liefergrad und Drallzahl eines nach dem M-Verfahren arbeitenden Dieselmotors. Dissertation TH München 1958.

[38] Jante, Gemischbildungsfragen an Dieselmotoren. Kraftfahrzeugtechnik **11** (1961) H. 2, S. 52.

[39] Dreyhaupt, Zur Theorie der motorischen Zündungsvorgänge. Deutsche Kraftfahrtforschung, Zwischenbericht Nr. 111 (1942) S. 75.

[40] Alcock und Watts, Der Verbrennungsvorgang in schnellaufenden Dieselmotoren. CIMAC 1959, Bericht A 7.

[41] Nagao und Kakimoto, Kraftstoffeinspritzung und Verbrennung in der Wirbelkammer eines Dieselmotors. MTZ **20** (1959) H. 6, S. 183.

[42] Nagao und Kakimoto, Wirbelung und Verbrennung bei Dieselmotoren mit unterteiltem Brennraum. MTZ **18** (1957) H. 10, S. 301.

[43] Karde, Beitrag zum Verbrennungsvorgang in der Dieselmaschine. ATZ **39** (1936) H. 20, S. 501.

[44] Meier zu Köcker, Untersuchung des Verbrennungsablaufes flüssiger Brennstoffe und seine Abhängigkeit von Menge und Art der Kohlenwasserstoffkomponenten. Dissertation TH Aachen 1960.

[45] Breves, Die Fortpflanzung der Verbrennung im Dieselmotor. Forsch. Ing. Wesen **6** (1935) Nr. 4, S. 183.

[46] Rjabow und Swiridow, Untersuchung einiger Besonderheiten der Verbrennung zerstäubter Motorenkraftstoffe. Isvestija Ak. NAUK, SSSR, Otdel. technić, nauk (1958) **4**, S. 133.

[47] Zinner, Gemischbildung, Verbrennungsablauf und Wirkungsgrad beim schnellaufenden Dieselmotor. VDI-Sonderheft Dieselmaschinen VII (1938) S. 58.

[48] List, Wirkungsgrad und Verbrennungsablauf im Dieselmotor. Deutsche Kraftfahrtforschung, Zwischenbericht Nr. 91 (1940) S. 25.

[49] Ullmann, Einfluß der Luftbewegung und Strahlaufbereitung durch die Düse auf Leistung und Verbrauch eines schnellaufenden Wirbelkammerdieselmotors. Deutsche Kraftfahrtforschung, Zwischenbericht Nr. 111 (1942) S. 21.

[50] Zinner, Stand der Erkenntnisse über die Gemischbildung im Otto- und Dieselmotor. Z.-VDI, **83** (1939) Nr. 6, S. 141.

[51] Hinze, Thermodynamische Analyse des Indikatordiagramms. Kraftfahrzeugtechnik **8** (1958) H. 2, S. 44.

[52] Zimmer, Gerät zur Bestimmung der Mengenverteilung im Kraftstoffstrahl. Kraftfahrzeugtechnik **12** (1962) H. 6, S. 230.

[53] Meissner und Drössler, Prüfstandsuntersuchungen am Fahrzeug-Dieselmotor 4 KVD 14,5 hinsichtlich eines gleichen Kraftstoffverbrauches der einzelnen Zylinder. Kraftfahrzeugtechnik **11** (1961) H. 2 und 3, S. 55 u. 99.

[54] Müller, Thermodynamische Untersuchung des EMW 340 mit Quetschkopf. Kraftfahrzeugtechnik **9** (1959) H. 8, S. 308.

[55] Kruse, Der Vielstoffmotor in der Kraftfahrtechnik. Auto-Markt, Fachausgabe Automobil-Industrie, (1958) H. 20F, S. 59.

[56] Eisele und Christian, Entwicklungsstand der neuen luftgekühlten, stationären Daimler-Benz-Dieselmotoren. MTZ **22** (1961) H. 7, S. 271.

[57] Böttger, Neue Gesichtspunkte über Gemischbildung in Kolbenverbrennungsmotoren, insbesondere Dieselmotoren. Kraftfahrzeugtechnik **7** (1957) H. 2 u. 4, S. 46 u. 136.

[58] Jante, Ursachen der klopffreien Dieselverbrennung. Kraftfahrzeugtechnik **8** (1958) H. 8, S. 284.

ANHANG

1. Auszug aus [36]

ZIMMER, Stationäre Strömungsuntersuchungen an Einlaßkanalmodellen für Viertakt-Dieselmotoren. Kfz-Technik **11** (1961) Heft 6 u. 7, S. 228 u. 277.

Es wird ein Prüfstand beschrieben, mit dem unabhängig vom Motorbetrieb Einlaßkanalmodelle im Hinblick auf die erzeugte Luftbewegung untersucht werden können.

Den schematischen Prüfstandaufbau zeigt Abb. 1. Die von einem Gebläse geförderte Luft wird durch den Einlaßkanal gedrückt und strömt nach Durchlaufen des unten offenen Zylinders ins Freie. Die Messungen erfolgen am Prüfstand bei stationärer Strömung, während bei Motorbetrieb eine instationäre Strömung der Verbrennungsluft vorhanden ist. Es kann jedoch erwartet werden, daß ein auf dem Prüfstand entwickelter optimaler Kanal auch im Motorbetrieb gute Ergebnisse liefert.

Zur Beurteilung der Güte eines Einlaßkanalmodells dienen die drei Meßgrößen Luftdurchsatz, auftretender Druckverlust und Drehzahl der um die Zylinderachse rotierenden Luft. Der Druckverlust (Abfall des Gesamtdruckes von einem Wert vor dem Kanal auf den Atmosphärendruck nach dem Zylinder) wird bei den Untersuchungen mit 150 mm WS konstant gehalten. Damit ergibt sich als Maß für die Güte eines Einlaßkanals das stündlich durchgesetzte Luftvolumen V [m³/h]. Für die Beurteilung des Wirbeleffektes interessiert die Horizontalkomponente der Geschwindigkeit, die mit Anemometer gemessen wird. Die Anemometerdrehzahl dient als Maß für die Luftwirbelintensität. Für die Untersuchungen auf der Grundlage des 1 NVD 14 (Zylinderdurchmesser 100 mm) wurde ein Anemometer mit einem Stauscheibenmittenabstand von 64 mm verwendet. Der Abstand zwischen Anemometer und oberen Zylinderrand wurde mit 100 mm konstant gehalten.

Im ersten Teil wurden Untersuchungen an Einlaßkanälen mit Schirmventil durchgeführt. Zunächst ergab sich, daß bei Verdrehen des Schirmventils die Wirbeldrehzahl angenähert nach einer Sinuslinie verläuft, wobei sich für jede Wirbeldrehrichtung ein ausgeprägtes Maximum ergibt. Dabei ist die Lage der Maxima für alle Ventilhübe $h > 3$ mm etwa die gleiche, so daß die weiteren Untersuchungen bei konstantem Ventilhub $h = 10$ mm durchgeführt wurden. Der Luftdurchsatz hat sein Maximum bzw. Minimum bei den in Abb. 2 dargestellten Ventilschirmstellungen. In beiden Fällen ist die Wirbeldrehzahl praktisch Null.

Weiterhin erfolgten Untersuchungen über den Einfluß der Lage des Einlaßkanals zum Zylinder. Abb. 3 zeigt die Lage des Ventilschirms zum Zylinder für jeweils maximale Wirbeldrehzahl bei verschiedenen Zylinderstellungen und den zugehörigen Drehzahl- bzw. Luftdurchsatzverlauf.

Nach diesen grundlegenden Ergebnissen wurde der Zylinderkopf des Versuchsdieselmotors 1 NVD 14 auf dem Prüfstand untersucht (Lage des Kanals zum Zylinder Abb. 4). Abb. 5 zeigt den Einfluß des Schirmwinkels $\varkappa$ auf Wirbeldrehzahl und Luftdurchsatz. Die Wirbeldrehzahl steigt mit größerem Schirmwinkel an, wogegen durch die Verkleinerung des Austrittsquerschnittes der Luftdurchsatz sinkt und damit der Strömungswiderstand vergrößert wird. Abb. 6 zeigt das Maximum von n_A und den zugehörigen Luftdurchsatz für positive Luftdrehrichtung über dem Schirmwinkel. Dazu ist der am Motor ermittelte optimale Kraftstoffverbrauch eingetragen. Vermutlich überwiegt bis zu $\varkappa \approx 60°$ der Einfluß der in diesem Gebiet zu kleinen Luftwirbelung, wogegen bei größeren Schirmwinkeln der Einfluß der Luftbewegung gegenüber dem des Luftdurchsatzes bzw. des Liefergrades geringer wird. Das Verbrauchsminimum ergibt sich bei $\varkappa = 150°$, wo die Wirbeldrehzahl ihr Maximum hat.

Im zweiten Teil der Arbeit wurden einige Einlaßkanäle mit schirmlosen Ventilen untersucht (Drallkanäle), die allein durch ihre Formgebung einen Wirbeleffekt hervorrufen.

Dabei brachten Einlaßkanäle mit tangentialem Einströmen und Abreißkante keine völlig befriedigenden Ergebnisse. Besser lagen die Ergebnisse mit sog. Wirbeldom, mit denen die Wirbeldrehzahlwerte der Kanäle mit Schirmventil übertroffen wurden. Eine gleichzeitige Verbesserung des Luftdurchsatzes konnte allerdings dabei nicht erzielt werden.

Ein Mangel der untersuchten Drallkanäle lag in der z. T. starken Abhängigkeit der Wirbeldrehzahl von der Kanallage zum Zylinder, was bei der konstruktiven Ausführung der dem Wirbeldrehzahlmaximum entsprechenden Lage im Zylinderkopf vielfach Schwierigkeiten bereitet. Ein erster Versuch mit einem Spiralkanal ergab bereits eine wesentlich geringere Abhängigkeit des Wirbeldrehzahlverlaufes von der Lage des Kanals zum Zylinder.

2. Auszug aus [52]

Zimmer, Gerät zur Bestimmung der Mengenverteilung im Kraftstoffstrahl. Kfz-Technik **12** (1962) Heft 6, S. 230.

Bei Untersuchungen des Einspritzsystems von Dieselmotoren interessiert die Strahlauflockerung der Düse und damit die Mengenverteilung im Kraftstoffstrahl. Deshalb wurde ein Gerät entwickelt, mit dem die Verteilung der Kraftstoffmenge im Strahl unter Außendruck in verschiedenen Ebenen senkrecht zur Strahlachse bestimmt werden kann (Prinzipskizze Abb. 1). Der Kraftstoff wird in Zellen quadratischen Querschnitts (Seitenlänge 2,5 mm) eingespritzt. Die Strahldichte errechnet sich zu

$$d = \frac{Q_Z \cdot 1000}{H_Z \cdot F_A} \left[\frac{\mathrm{mm}^3}{\mathrm{mm}^2\ \mathrm{Asp}}\right],$$

wobei Q_Z [cm³] die an den einzelnen Meßgläsern abgelesene Kraftstoffmenge, H_Z die Hubzahl in Pumpenumdrehungen und F_A [mm²] den Auffangquerschnitt einer Zelle darstellt. Die Strahldichte stellt damit praktisch die Höhe des aufgefangenen Kraftstoffes je Arbeitsspiel dar (Dimension mm/Asp). Die Messungen werden für verschiedene Auffangkammstellungen durchgeführt, so daß der gesamte Strahlquerschnitt abgetastet wird. Aufgetragen werden zunächst die Kurven $d = f(r)$; r ist der Abstand der jeweiligen Zellenmitte von der mittleren Auffangzelle 0 (Abb. 2, links). Durch Schnitte bei verschiedenen d-Werten werden die Punkte für das aufzustellende Strahlbild gefunden (Abb. 2 rechts). Als Strahlbegrenzung wurde für einen Abstand $a = 80$ mm eine Strahldichte von $d_{SB} = 0{,}01$ mm/Asp zugrundegelegt. Das entspricht etwa den Verhältnissen, wie sie aus vergleichbaren Strahlfotografien zu erkennen sind. Wird ein anderer Abstand a zugrundegelegt, so ist zu beachten, daß sich als Strahlbegrenzung eine andere Strahldichtelinie $d_{SB} = \mathrm{const}$ ergibt (Abb. 3). Als Bewertungsgröße für die Strahlauflockerung kann neben dem Strahlbild auch ein mittlerer Strahlwinkel γ gewählt werden, der aus Abstand a und Strahlhalbmesser r zu $\gamma = 2 \operatorname{arc} \tan (r/a)$ bestimmt wird. Zur Ermittlung des Strahlhalbmessers r wird die von der als Strahlbegrenzung dienenden Strahldichte $d_{SB} = \mathrm{const}$ eingeschlossene Fläche bestimmt und der Radius r der gleichgroßen Kreisfläche berechnet.

Versuche mit einer Lochdüse ergaben, daß sich der mittlere Strahlwinkel mit steigender Drehzahl bei gleichzeitig geringem Anstieg des Strahldichtemaximums etwas verringert (Änderung zwischen $n_p = 300$ und 900 U/min $\Delta\gamma \approx 1°20'$).

Mit steigender Fördermenge vergrößert sich der mittlere Strahlwinkel etwas (Änderung im Bereich bis $q = 100$ mm³/Asp $\Delta\gamma \approx 1°$). Das Maximum der Strahldichte steigt mit Vergrößerung der Fördermenge nahezu linear an.

Abbildungen zu Zimmer

Über die Einflußgrößen beim M-Verfahren

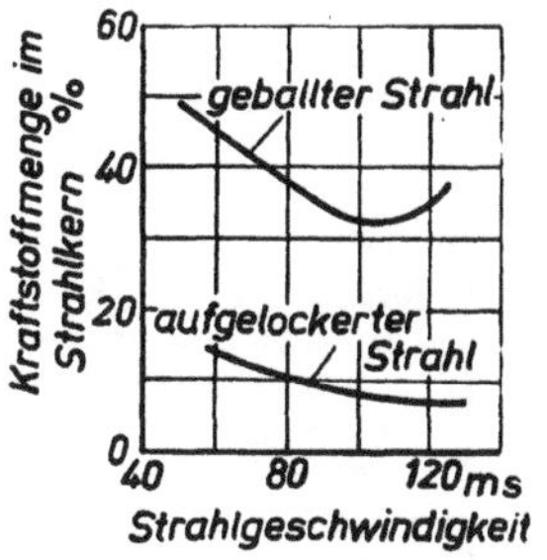

Abb. 1. Abhängigkeit der Kraftstoffmenge im Strahlkern von der Strahlgeschwindigkeit nach [5]

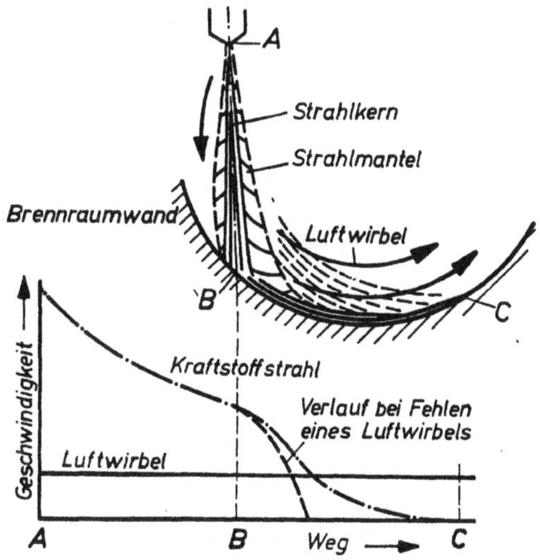

Abb. 2. Geschwindigkeit von Kraftstoffstrahl und Luft (schematisch)

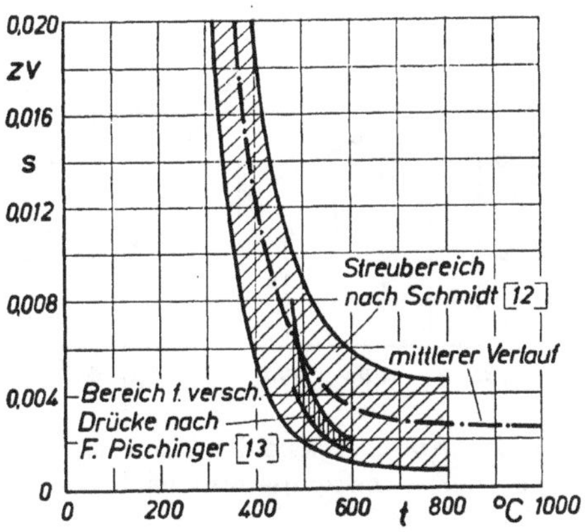

Abb. 3. Abhängigkeit des Zündverzuges von der Temperatur

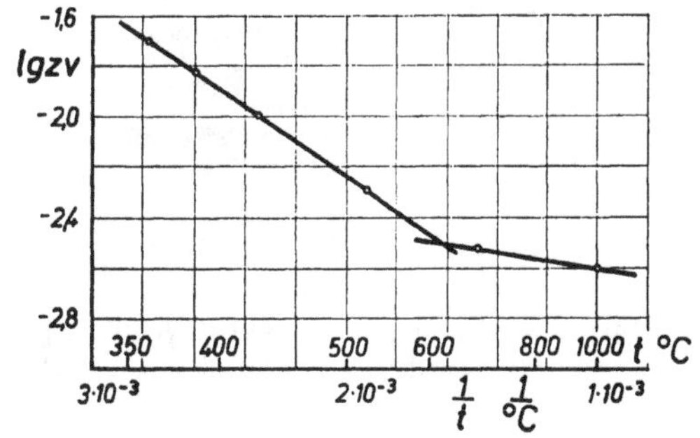

Abb. 4. $\lg ZV = f(1/t)$ für mittleren Verlauf aus Abb. 3

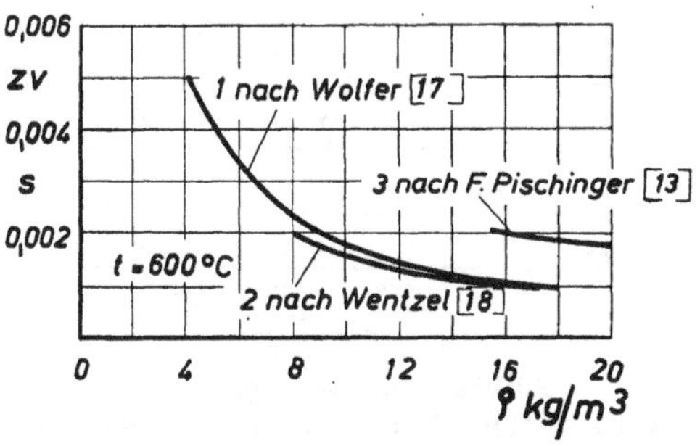

Abb. 5. Abhängigkeit des Zündverzuges von der Dichte

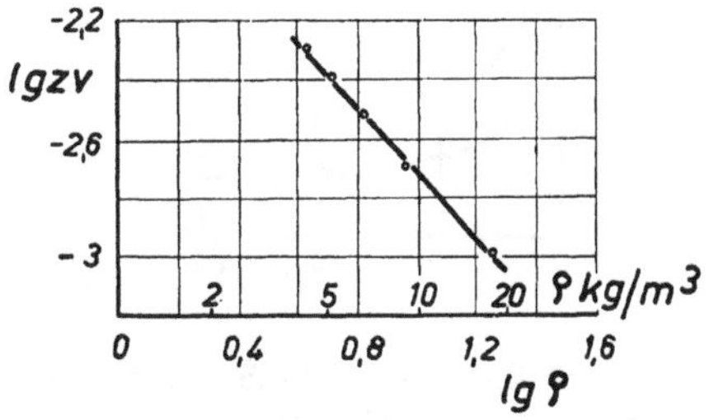

Abb. 6. $\lg ZV = f(\lg \varrho)$ für Kurve 1 aus Abb. 5

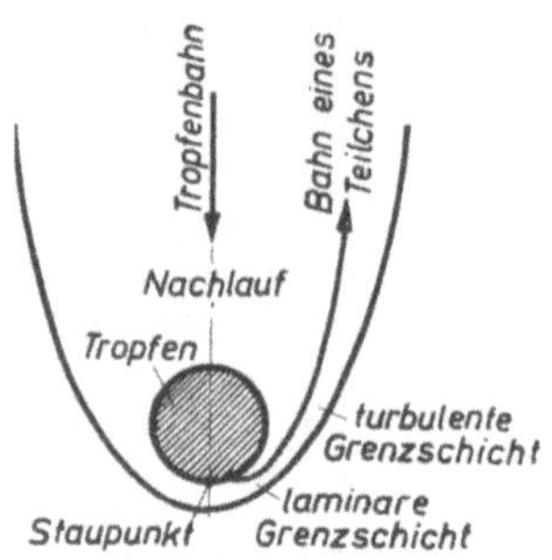

Abb. 7. Verhältnisse um einen Kraftstofftropfen nach [19] (schematisch)

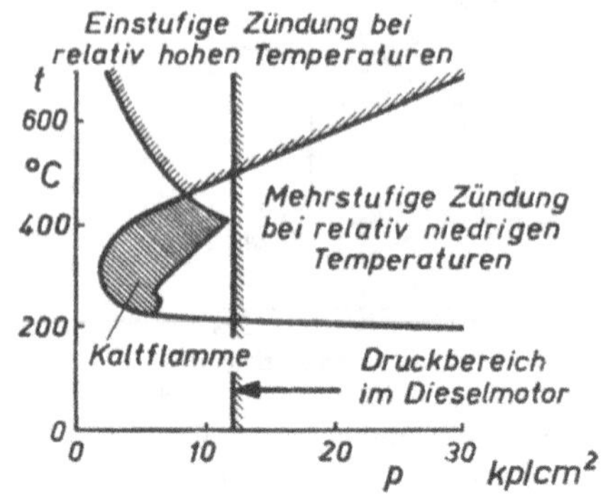

Abb. 8. Gebiete hoch- und nieder-temperaturiger Selbstzündung nach [22] (schematisch)

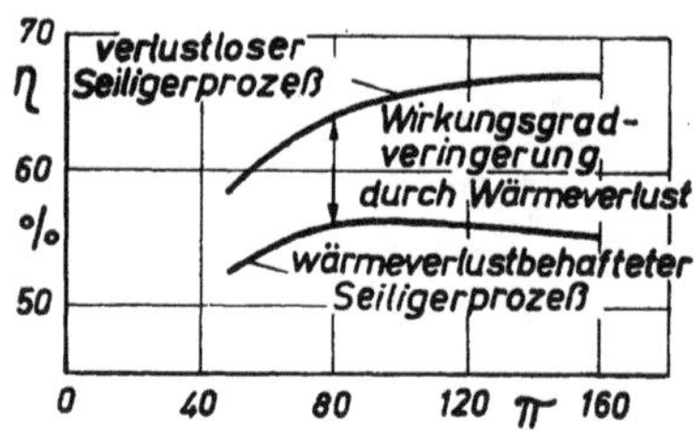

Abb. 9. Wirkungsgradverlauf in Abhängigkeit vom Höchstdruckverhältnis nach [24]

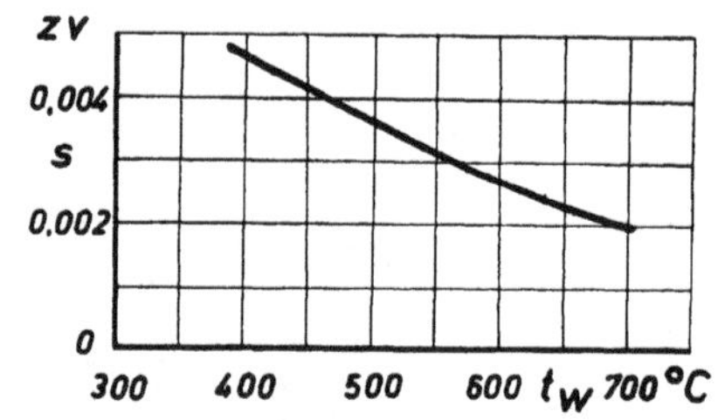

Abb. 10. Abhängigkeit des Zündverzuges von der Wandtemperatur nach [10]

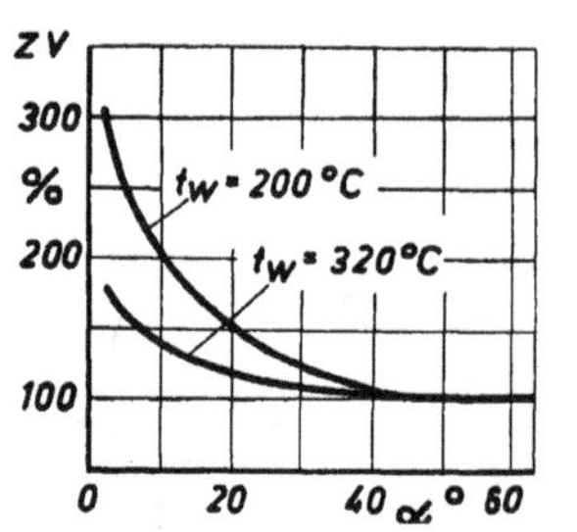

Abb. 11. Abhängigkeit des Zündverzuges vom Auftreffwinkel nach [28]
0° = Spritzen tangential an Brennraumwand
63° = Spritzen durch Brennraummitte

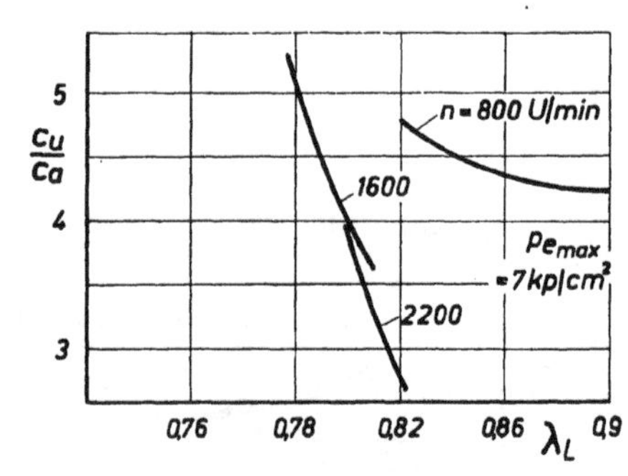

Abb. 12. Zusammenhang zwischen Wirbelintensität und Liefergrad nach [37]

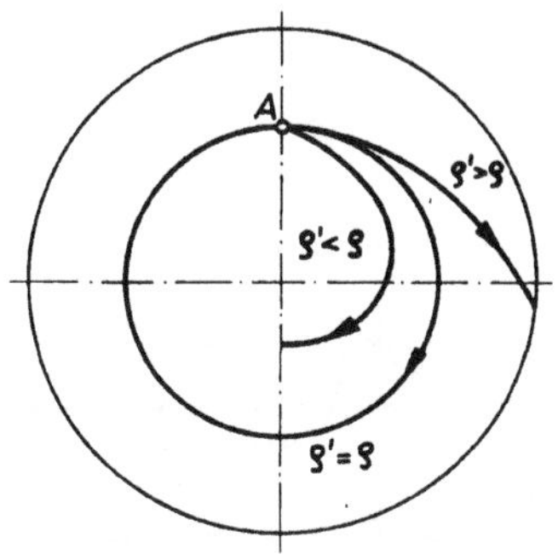

Abb. 13. Bahn eines mit der rotierenden Luft umlaufenden Teilchens nach [23]

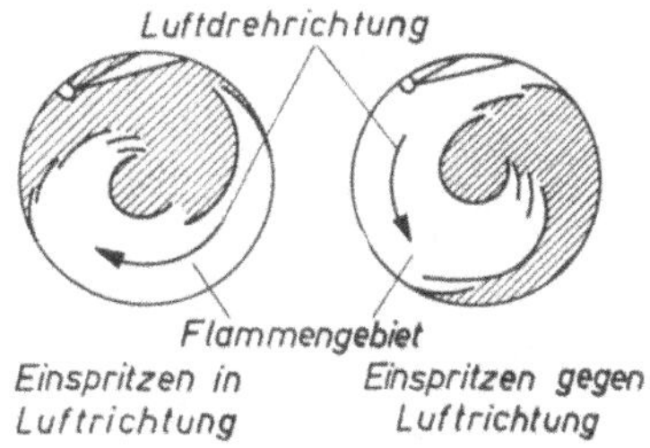

Abb. 14. Flammenausbreitung bei unterschiedlicher Luftdrehung (schematisch nach [23])

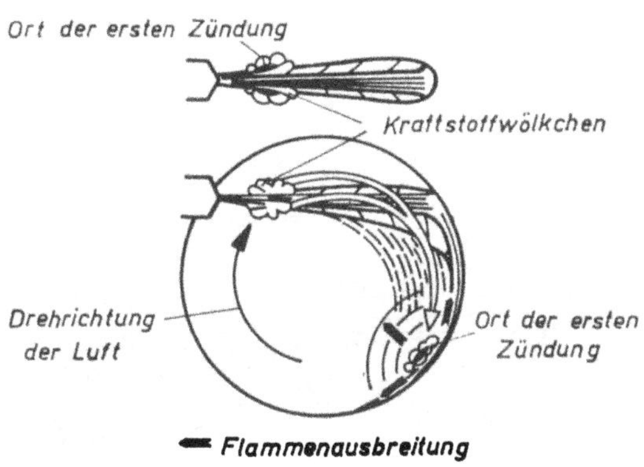

Abb. 15. Ort der ersten Zündung
oben: Kraftstoff in ruhende Luft eingespritzt (nach [10])
unten: Kraftstoff in Luftwirbel eingespritzt (schematisch nach [28])

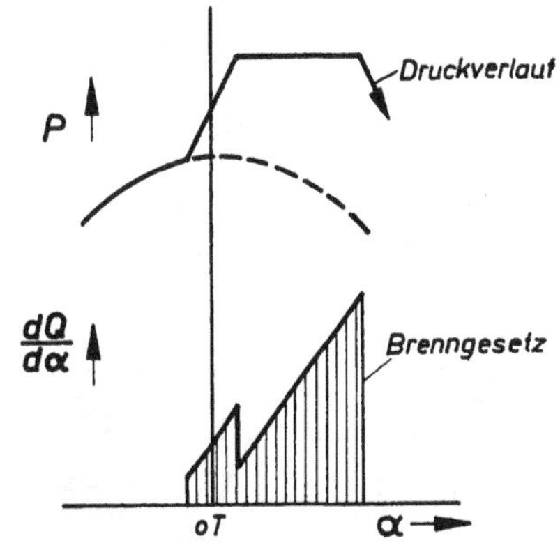

Abb. 16. Ideales Brenngesetz und zugehöriger Druckverlauf nach [48]

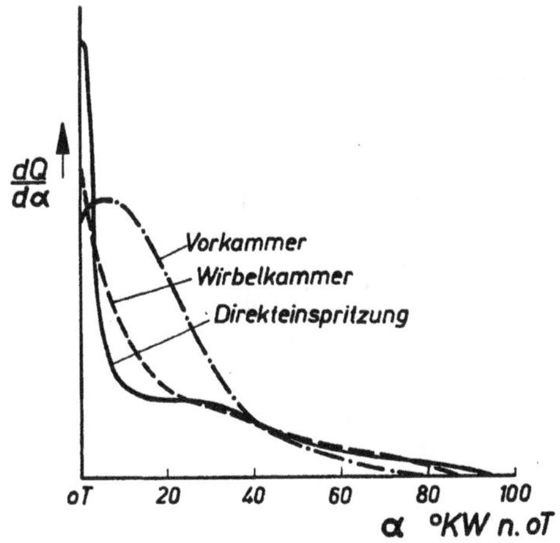

Abb. 17. Brenngesetzverlauf für verschiedene Dieselverbrennungsverfahren nach [48]

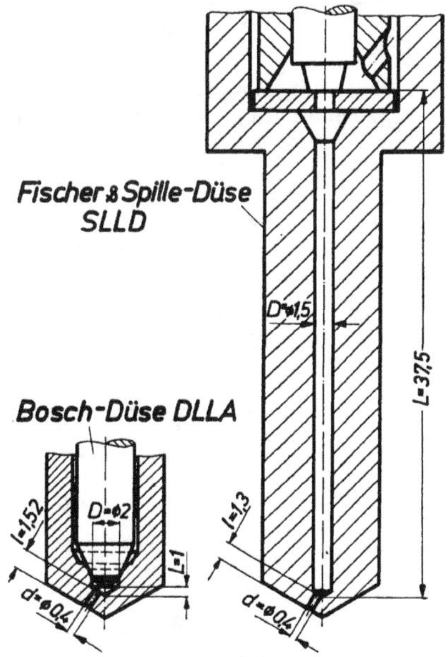

Abb. 18. Düsenaufbau der Bosch-Düse und Fischer & Spille-Düse

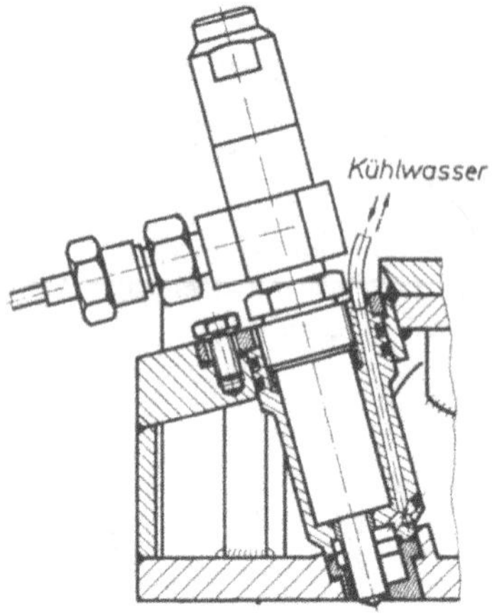

Abb. 19. Düsenkühlung am 1 NVD 14

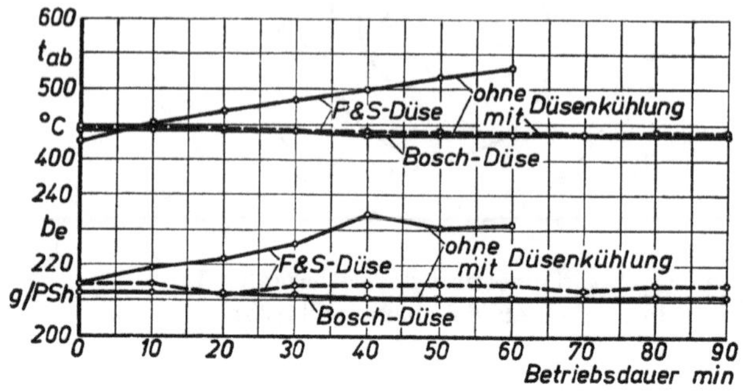

Abb. 20. Einfluß der Düsenkühlung

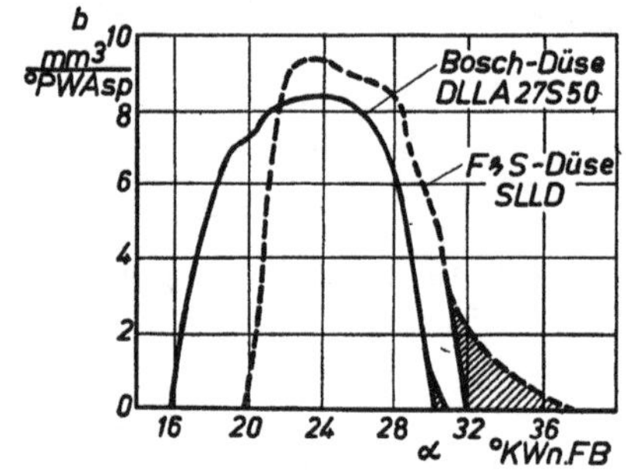

Abb. 21. Einspritzgesetze zweier Zweilochdüsen $n_p = 600$ U/min, $q = 45$ mm³/Asp

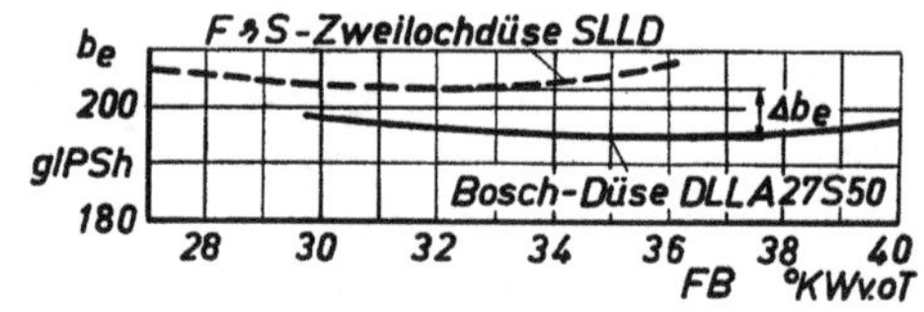

Abb. 22. Vergleich zweier Zweilochdüsen, $n = 1200$ U/min, $p_e = 5$ kp/cm²

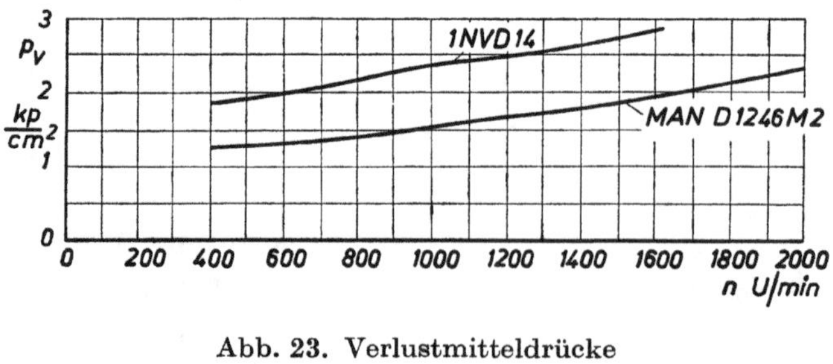

Abb. 23. Verlustmitteldrücke

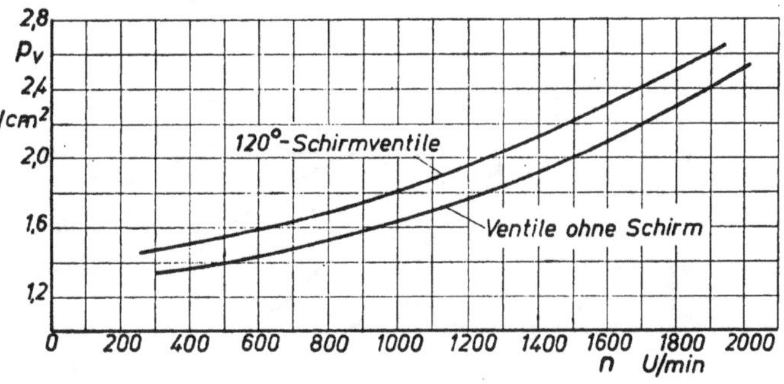

Abb. 24. Verlustmitteldrücke (MAN D 1246 M 2)

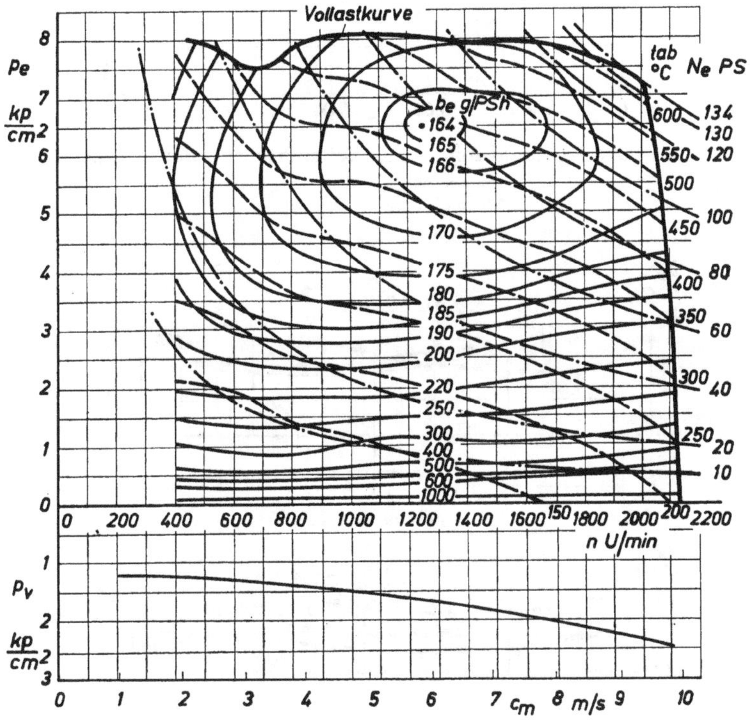

Abb. 25. Kennlinienfeld des MAN D 1246 M 2 (Originalzustand)

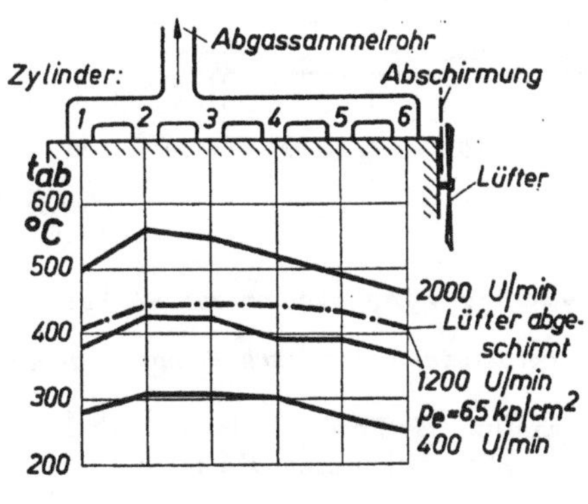

Abb. 26. Abgastemperaturen

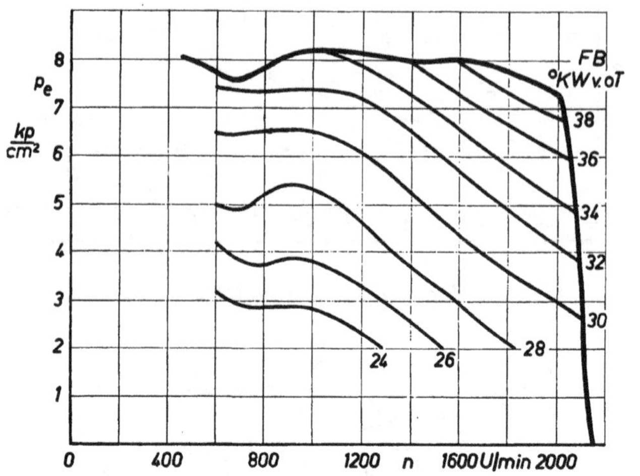

Abb. 27. Kennfeld mit Linien konstanten Förderbeginns

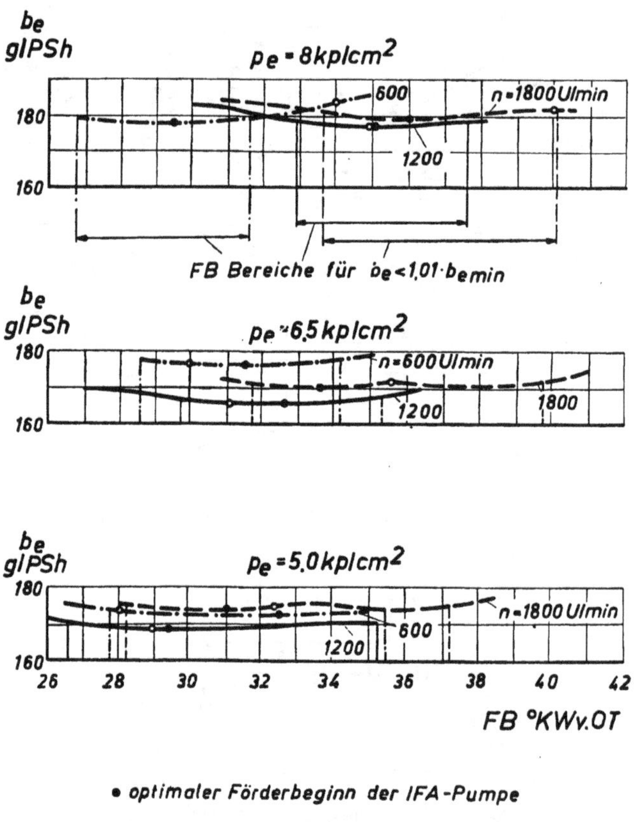

Abb. 28. Einfluß des Förderbeginns (MAN D 1246 M 2), Einspritzpumpe IFA DEP 6 A

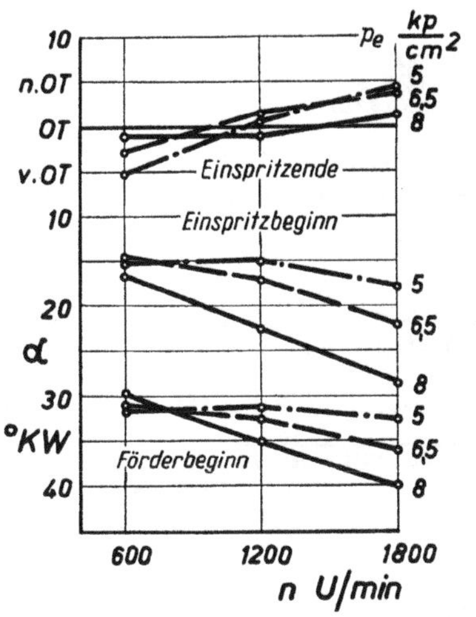

Abb. 29. Einspritzzeiten (MAN D 1246 M 2)

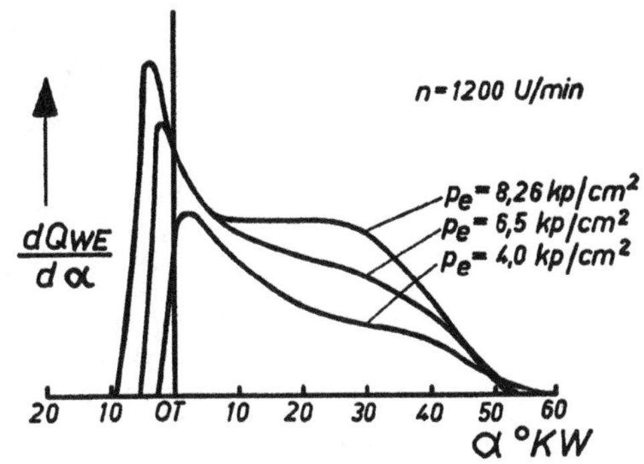

Abb. 30. Brenngesetze des MAN D 1246 M 2

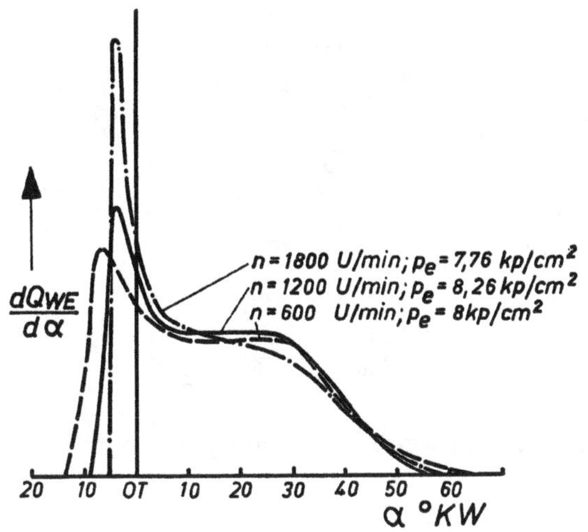

Abb. 31. Vollastbrenngesetze des MAN D 1246 M 2

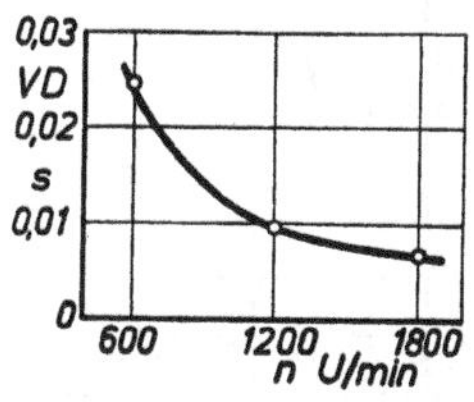

Abb. 32. Verbrennungsdauer beim MAN D 1246 M 2

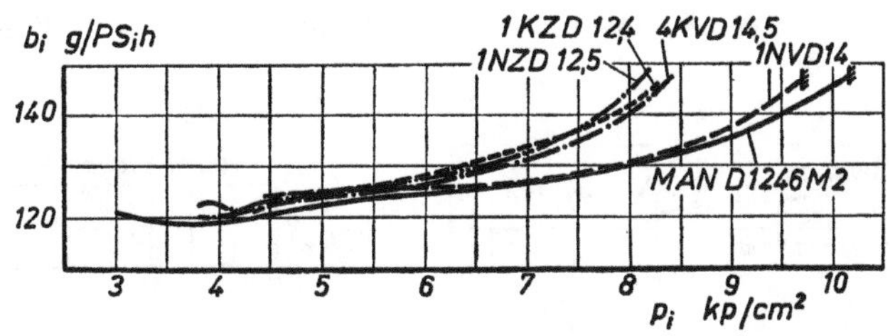

Abb. 33. Indizierter Kraftstoffverbrauch einiger Dieselmotoren bei n = 1200 U/min

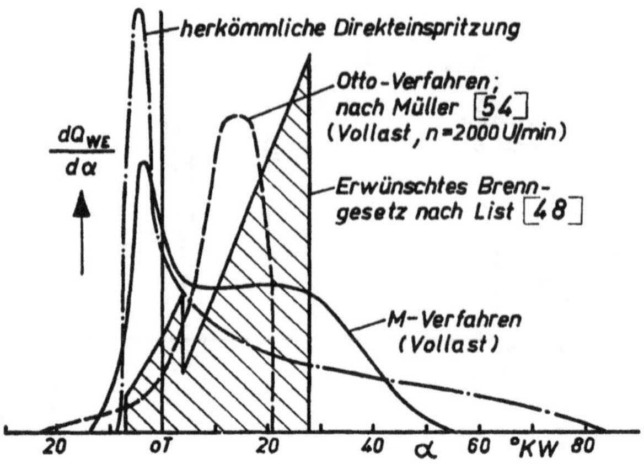

Abb. 34. Brenngesetze

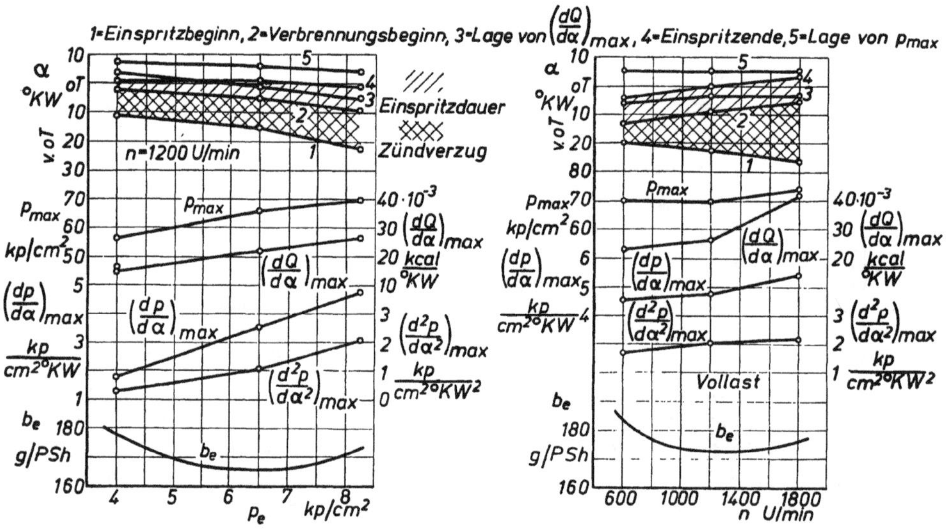

Abb. 35. Verschiedene Kennwerte in Abhängigkeit von Drehzahl und Belastung beim MAN D 1246 M 2

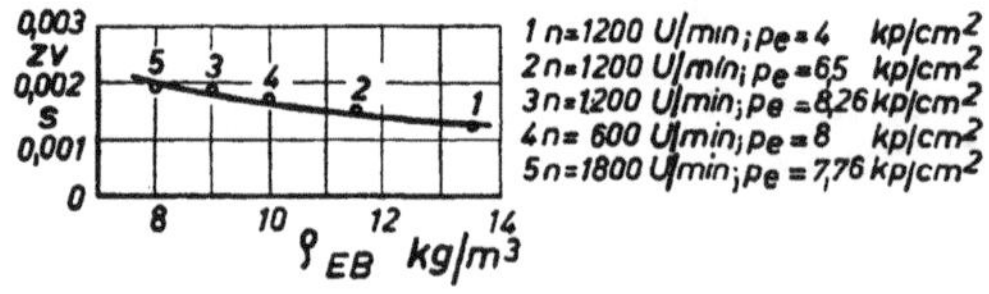

Abb. 36. Abhängigkeit des Zündverzuges von der Luftdichte

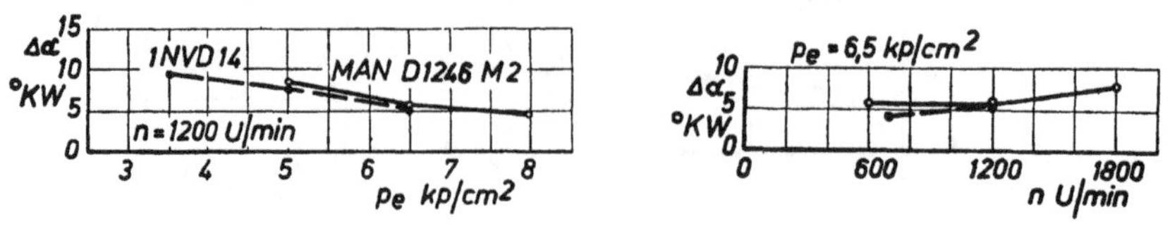

Abb. 37. Veränderung des Förderbeginnbereiches für $b_e < 1{,}01 \cdot b_{e\,\min}$ mit Belastung und Drehzahl

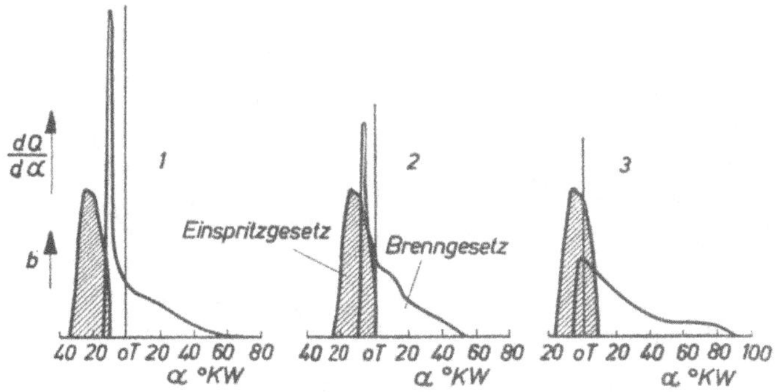

Abb. 38a. Brenngesetze für verschiedenen Einspritzbeginn (1 NVD 14), $n = 1200$ U/min, $p_e = 5$ kp/cm²

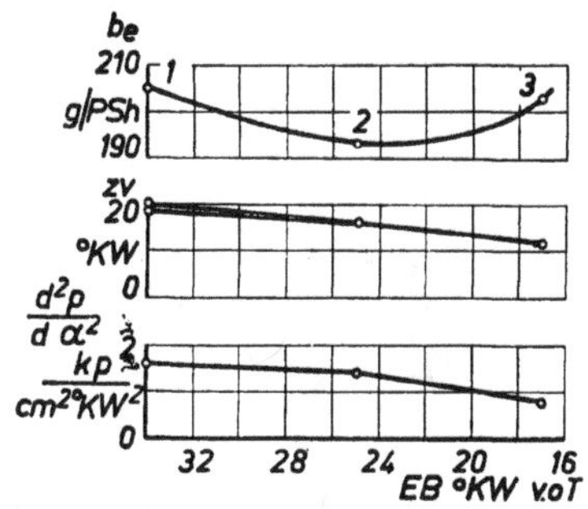

Abb. 38b. Einfluß des Einspritzbeginns auf Verbrauch, Zündverzug und Druckaustieg (1 NVD 14)

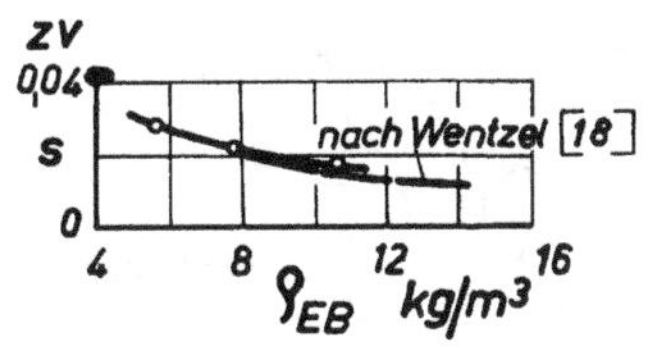

Abb. 39. Abhängigkeit des Zündverzuges von der Dichte bei Einspritzbeginn

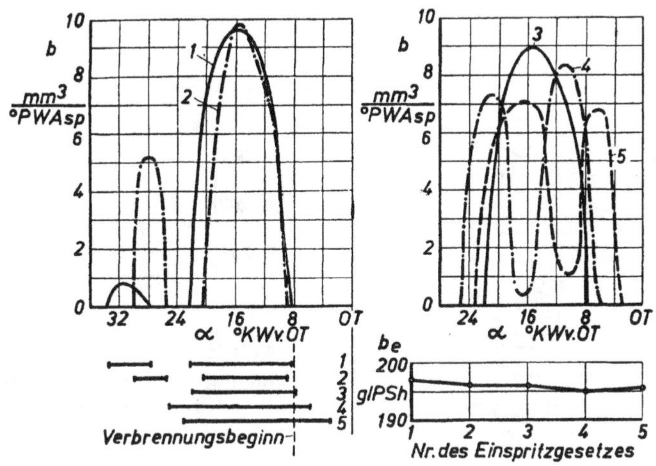

Abb. 40. Einspritzgesetze und zugehöriger Kraftstoffverbrauch mit Bosch-Zweilochdüse DLLA 27 S 50 (1 NVD 14), $n = 1200$ U/min, $p_e = 5$ kp/cm²

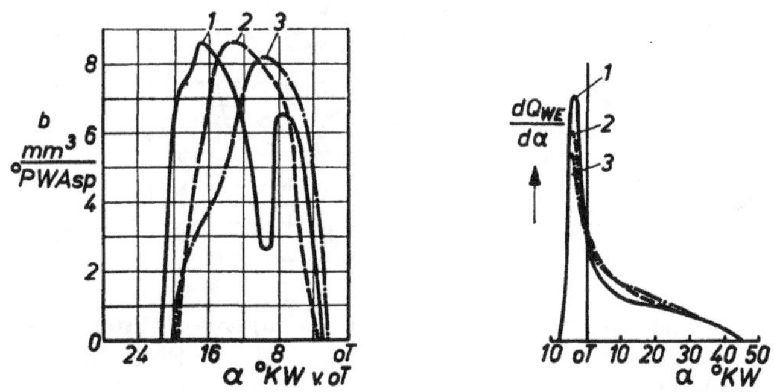

Abb. 41. Unterschiedliche Einspritzgesetze und zugehörige Brenngesetze

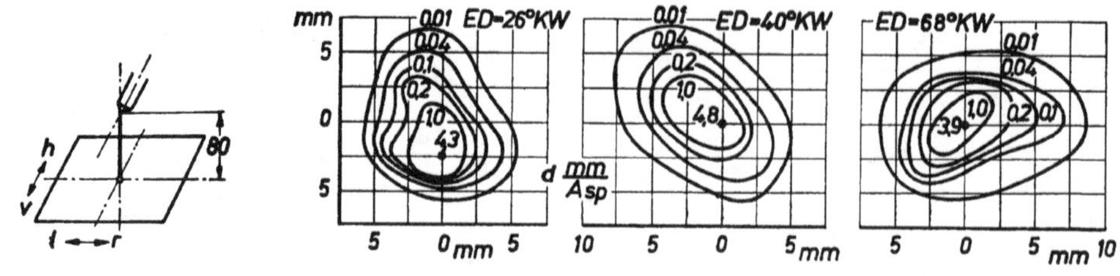

Abb. 42. Mengenverteilung im Kraftstoffstrahl der F & S-Einlochdüse SLLD, $n_p = 600$ U/min, $q = 50$ mm³/Asp

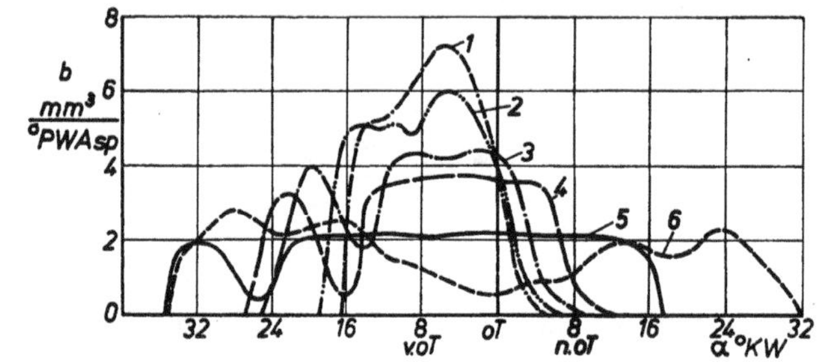

Abb. 43. Einspritzgesetze der F & S-Einlochdüse SLLD in ihrer Lage zum OT (1 NVD 14), $n = 1200$ U/min, $q = 50$ mm³/Asp

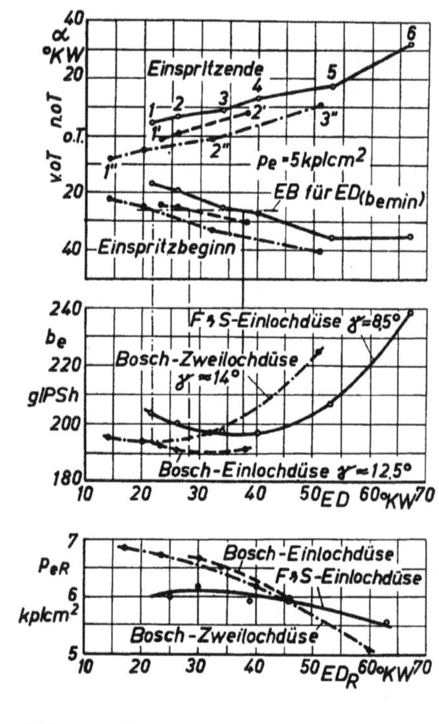

Abb. 44. Einspritzzeitpunkte, Verbrauch und maximale Belastbarkeit in Abhängigkeit von der Einspritzdauer (1 NVD 14), $n = 1200$ U/min

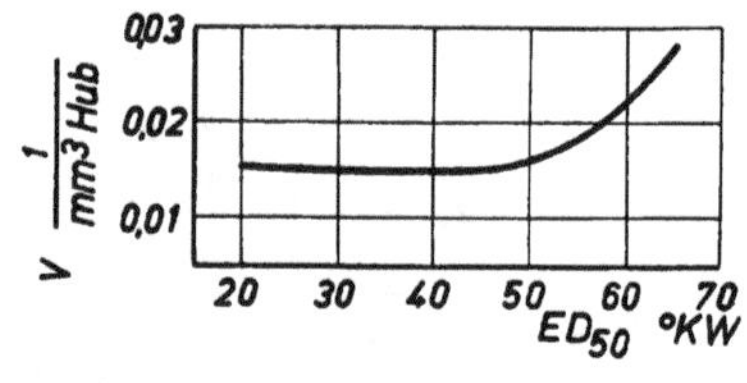

Abb. 45. Verlängerungsfaktor in Abhängigkeit von der Einspritzdauer für $q = 50$ mm³/Asp

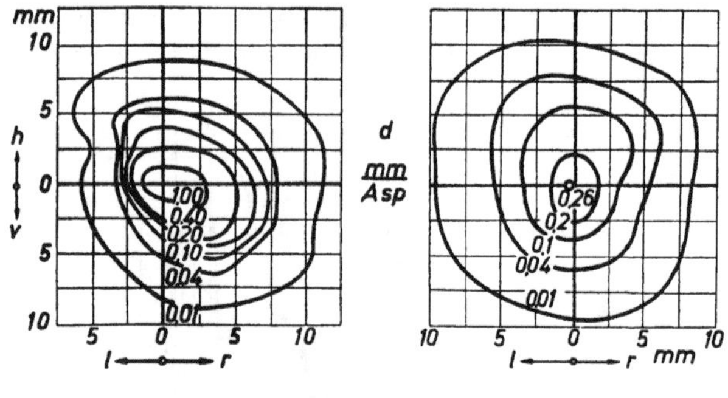

Abb. 46. Mengenverteilung im Kraftstoffstrahl,
links: Bosch-Einlochdüse,
rechts: Strahl der Bosch-Zweilochdüse DLLA 27S50,
$n_p = 600$ U/min, $q = 45$ mm³/Asp

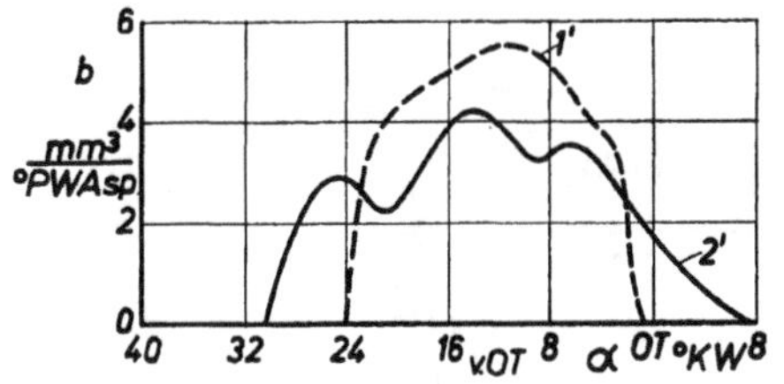

Abb. 47. Einspritzgesetze der Bosch-Einlochdüse DLLA (1 NVD 14), $n = 1200$ U/min, $q = 45$ mm³/Asp

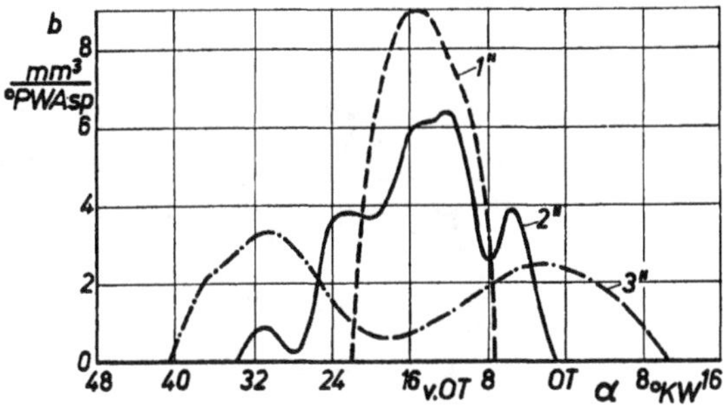

Abb. 48. Einspritzgesetze der Bosch-Zweilochdüse DLLA 27S50 (1 NVD 14), $n = 1200$ U/min, $q = 45$ mm³/Asp.

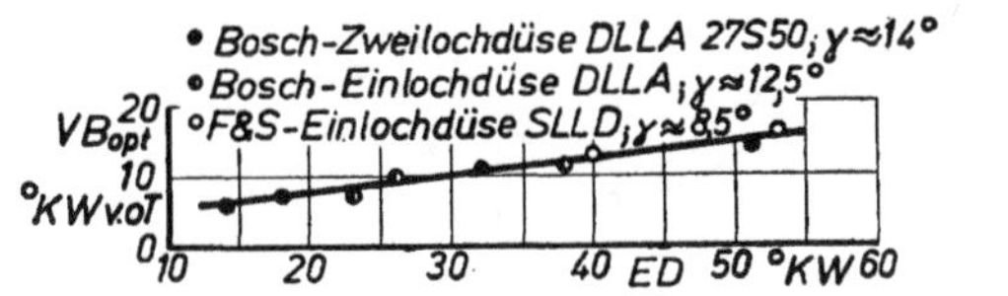

Abb. 49. Abhängigkeit des Verbrennungsbeginns von der Einspritzdauer (1 NVD 14), $n = 1200$ U/min, $p_e = 5$ kp/cm²

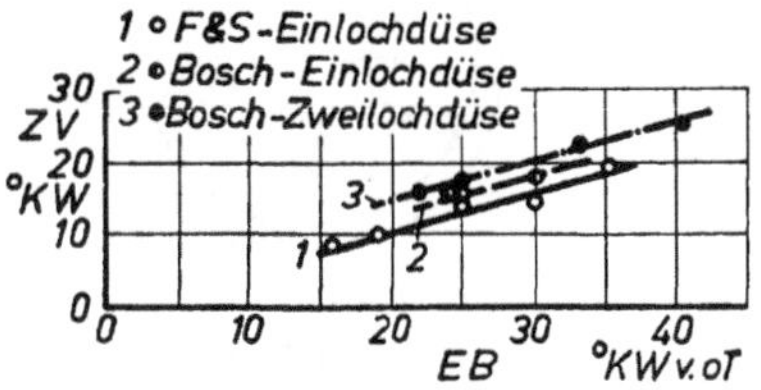

Abb. 50. Abhängigkeit des Zündverzuges vom Einspritzzeitpunkt (1 NVD 14), $n = 1200$ U/min, $p_e = 5$ kp/cm²

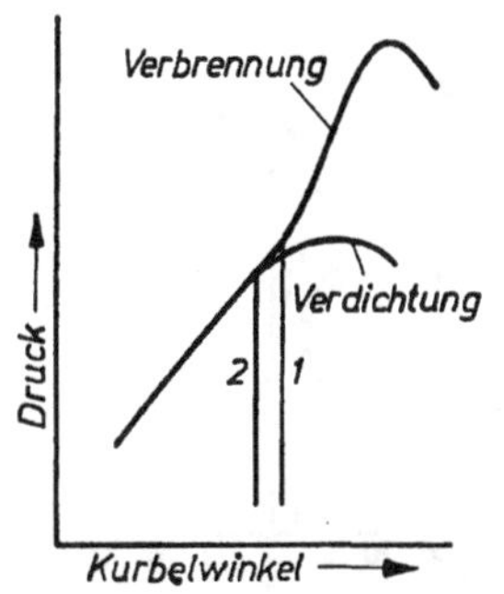

Abb. 51. Druckverlauf (schematisch), Beginn der exothermen Reaktion: 1 aus Indikatordiagramm (Knick), 2 tatsächlich

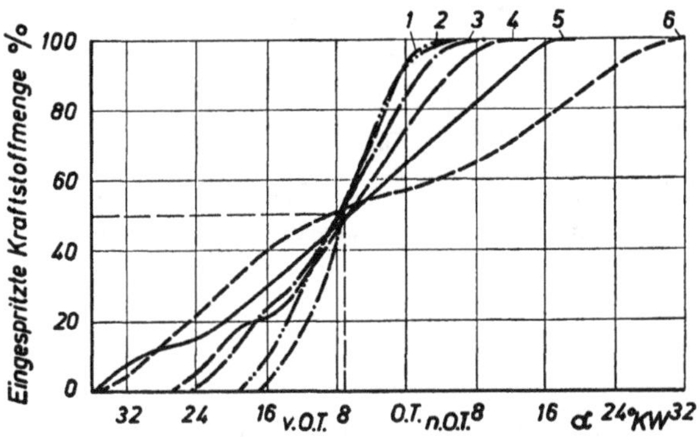

Abb. 52. Zeitlicher Verlauf der Einspritzung für unterschiedliche Einspritzgesetze nach Abb. 43

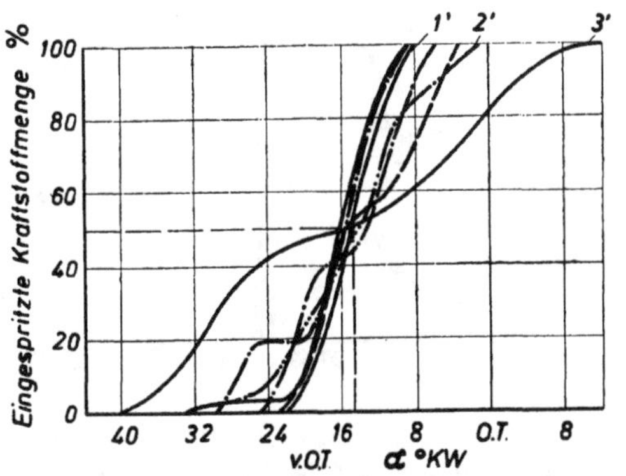

Abb. 53. Zeitlicher Verlauf der Einspritzung für unterschiedliche Einspritzgesetze nach Abb. 40 und 48

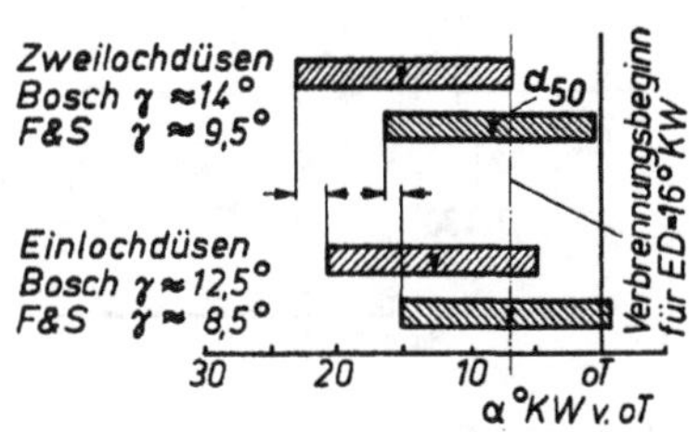

Abb. 54. Lage der Einspritzung zum OT für 16° KW Einspritzdauer (1 NVD 14)

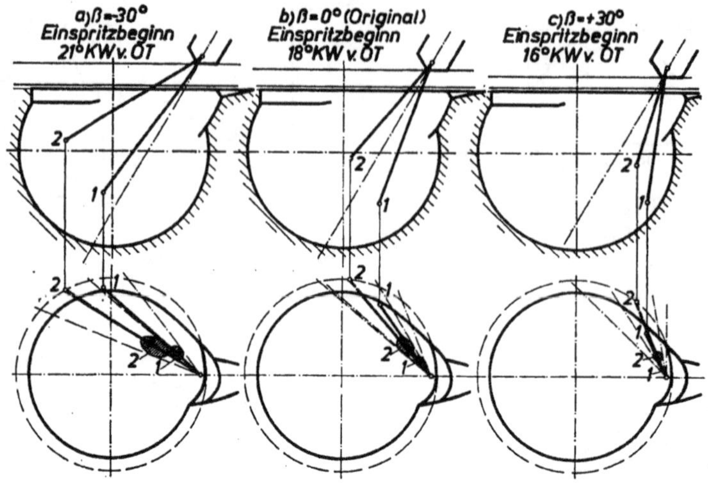

Abb. 56. Strahllagen im Brennraum des MAN D 1246 M 2
(die schraffierten Flächen stellen die Strahldurchdringungsflächen in der Kolbenbodenebene dar)

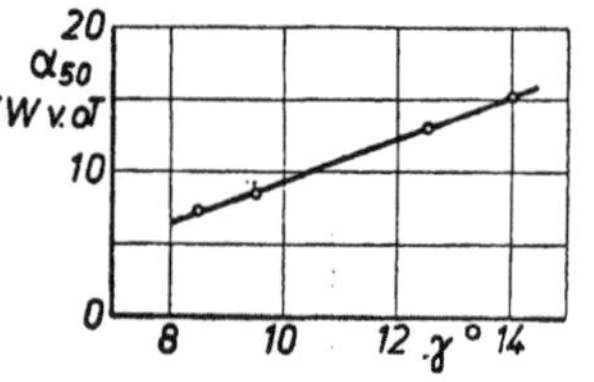

Abb. 55. Abhängigkeit der Lage der Einspritzung zum OT von der Strahlauflockerung (1 NVD 14)

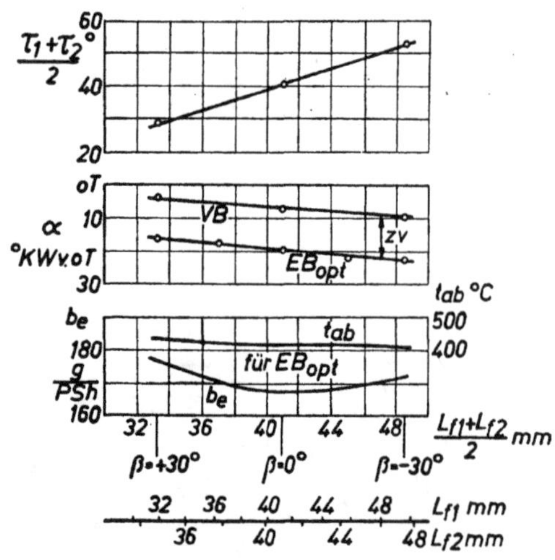

Abb. 57. Kenngrößen in Abhängigkeit von der freien Strahllänge (MAN D 1246 M 2), $n = 1200$ U/min, $p_e = 6{,}5$ kp/cm²

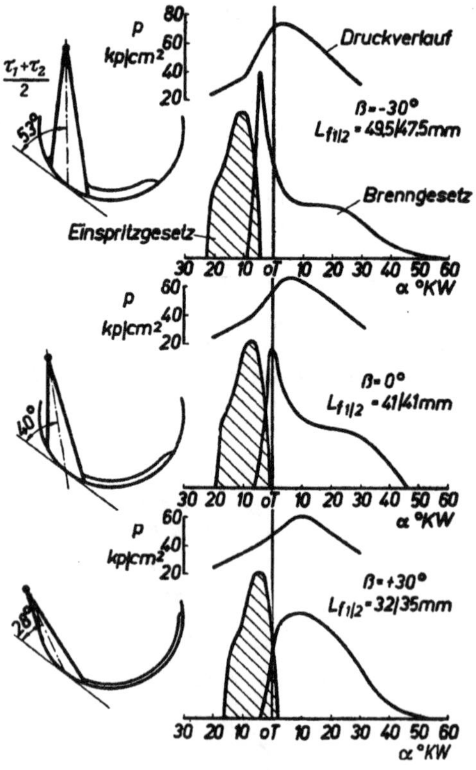

Abb. 58. Einspritzgesetz-, Brenngesetz- und Druckverlauf des MAN D 1246 M 2 für verschiedene Strahllagen

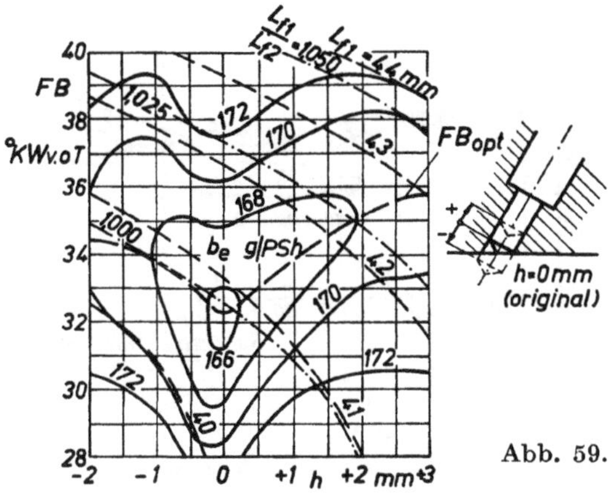

Abb. 59. Einfluß der Düsenhöhe (MAN D 1246 M 2), $n = 1200$ U/min, $p_e = 6{,}5$ kp/cm²

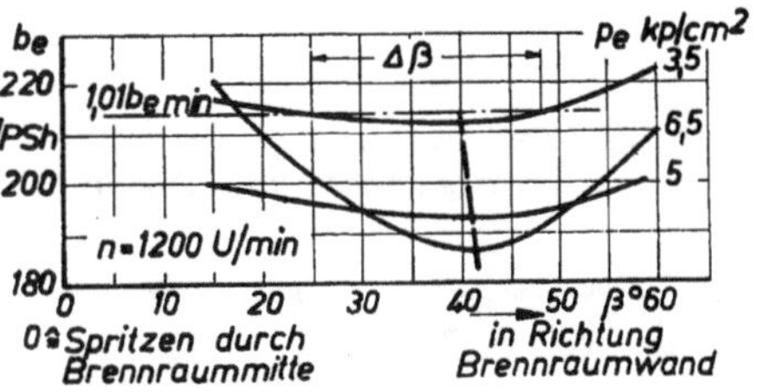

Abb. 60. Verbrauch abhängig von der Strahllage (1 NVD 14)

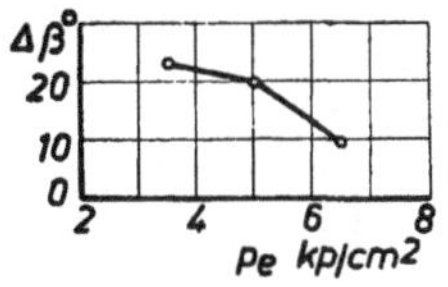

Abb. 61
Düsenverdrehbereich
für $b_e < 1{,}01 \cdot b_{e\,\min}$
aus Abb. 60

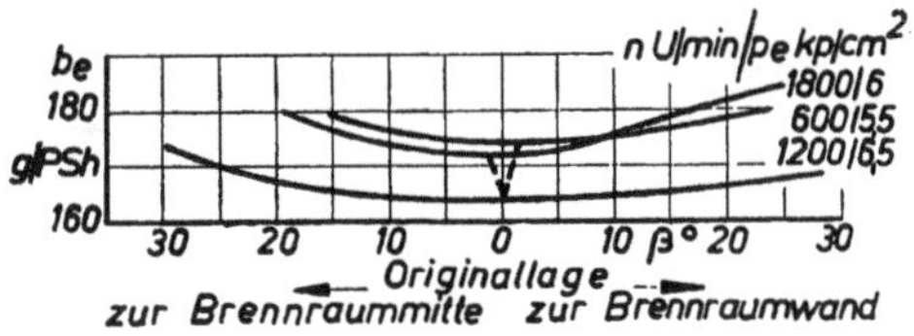

Abb. 62
Verbrauch abhängig von der Strahllage
(MAN D 1246 M 2)

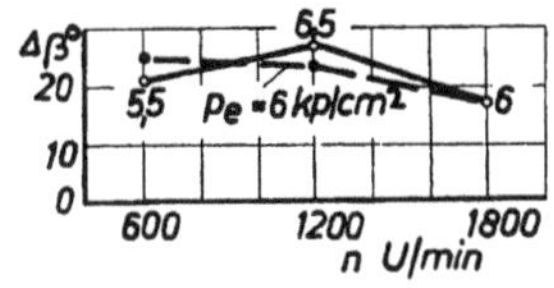

Abb. 63
Düsenverdrehbereich
für $b_e < 1{,}01 \cdot b_{e\,\min}$
aus Abb. 62

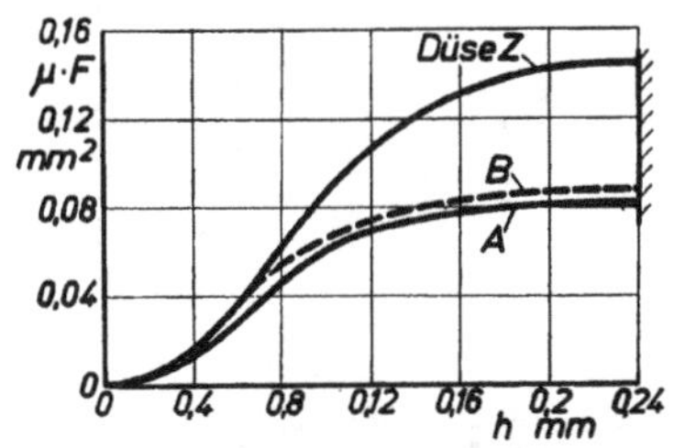

Abb. 64. Durchflußkennlinien,
Düse Z: Bosch-Zweilochdüse DLLA 27S50,
Düsen A, B: Bosch-Einlochdüsen DLLA

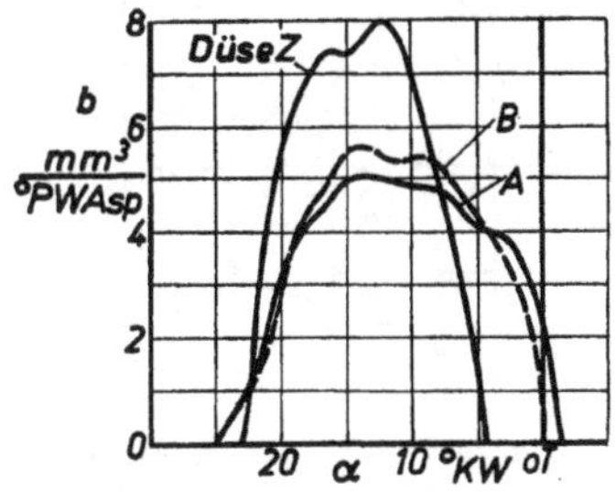

Abb. 65. Einspritzgesetze, $n_p = 600$ U/min, $q = 45$ mm³/Asp

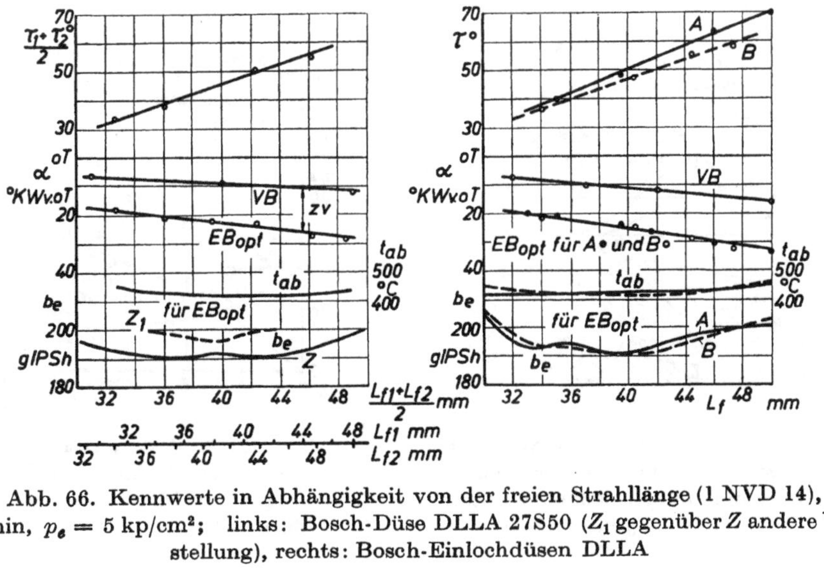

Abb. 66. Kennwerte in Abhängigkeit von der freien Strahllänge (1 NVD 14), $n = 1200$ U/min, $p_e = 5$ kp/cm²; links: Bosch-Düse DLLA 27S50 (Z_1 gegenüber Z andere Ventilschirmstellung), rechts: Bosch-Einlochdüsen DLLA

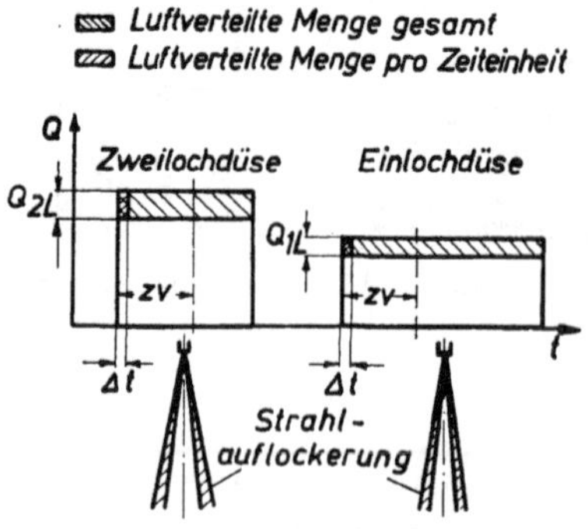

Abb. 67. Einspritzgesetze (schematisch)

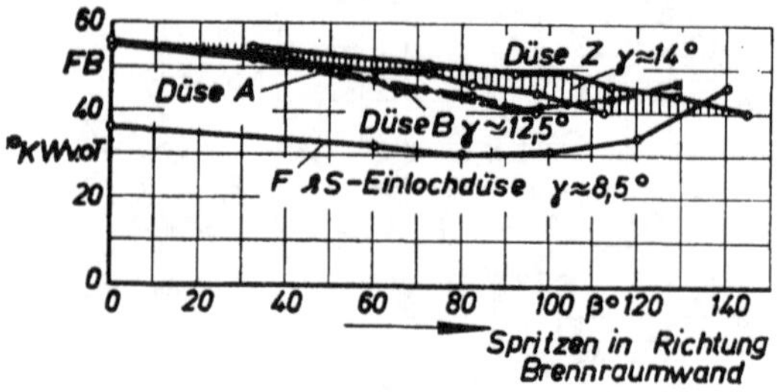

Abb. 68. Abhängigkeit des optimalen Förderbeginns von der Strahllage (1 NVD 14), $n = 1200$ U/min, $p_e = 5$ kp/cm²

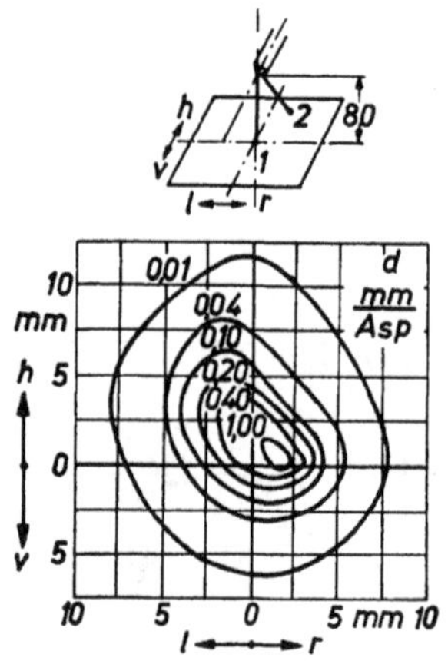

Abb. 69. Mengenverteilung im Kraftstoffstrahl, Strahl der F & S-Zweilochdüse SLLD, $n_p = 600$ U/min, $q = 50$ mm³/Asp

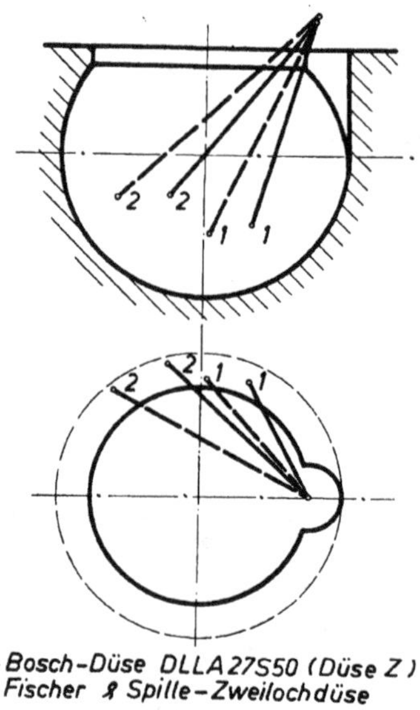

Abb. 70. Optimale Strahllagen im Brennraum des 1 NVD 14

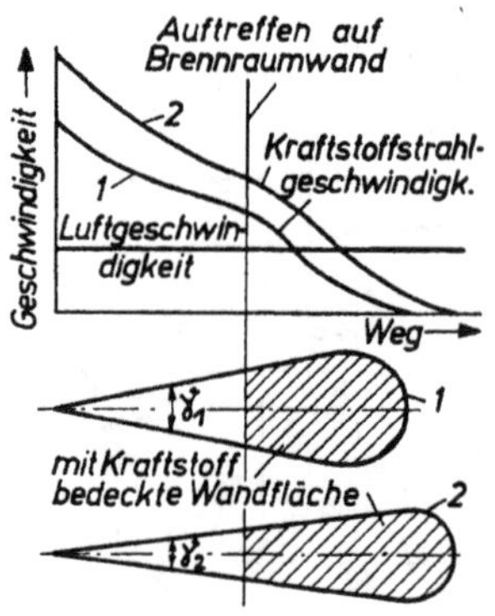

Abb. 71. Geschwindigkeitsverlauf und Kraftstoffwandausbreitung zweier Strahlen unterschiedlicher Strahlauflockerung und unterschiedlicher Düsenaustrittsgeschwindigkeit (schematisch)

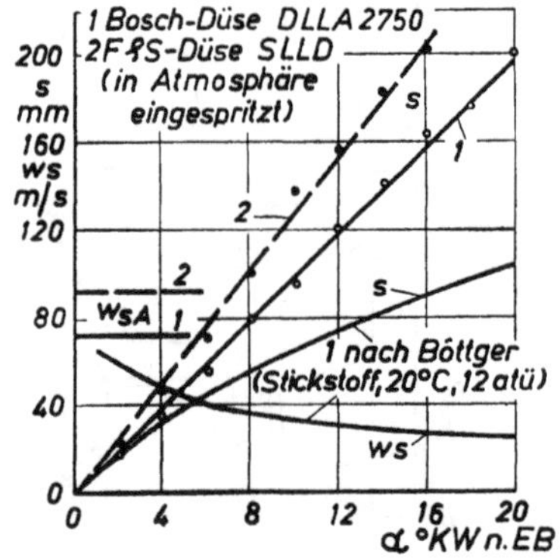

Abb. 72. Kraftstoffstrahlweg und -geschwindigkeit für $n = 1200$ U/min (stroboskopisch gemessen)

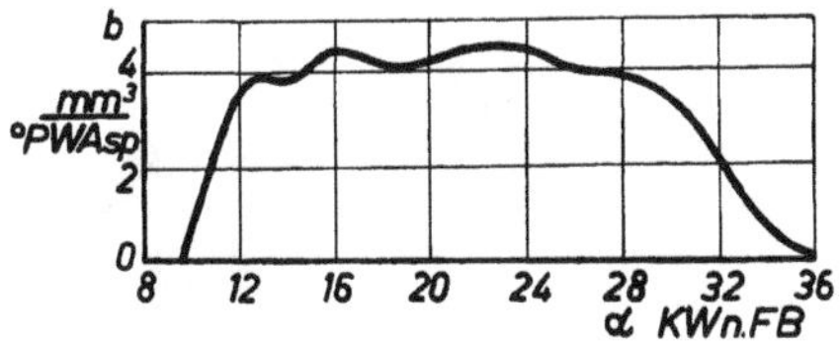

Abb. 73. Einspritzgesetz der F&S-Einlochdüse, n_p = 600 U/min, q = 50 mm³/Asp

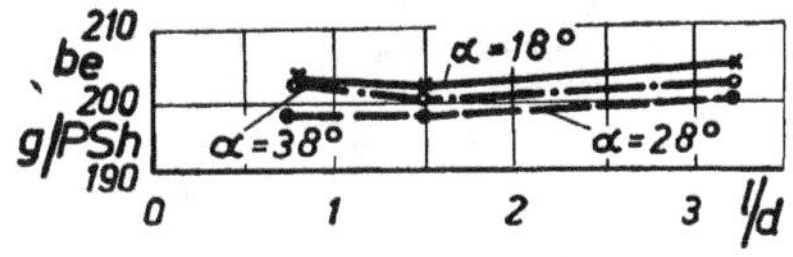

Abb. 74. Einfluß des Lochlängenverhältnisses (1 NVD 14). Die Werte wurden infolge unterschiedlicher Verlustmitteldrücke entsprechend korrigiert. n = 1200 U/min, p_e = 5 kp/cm²

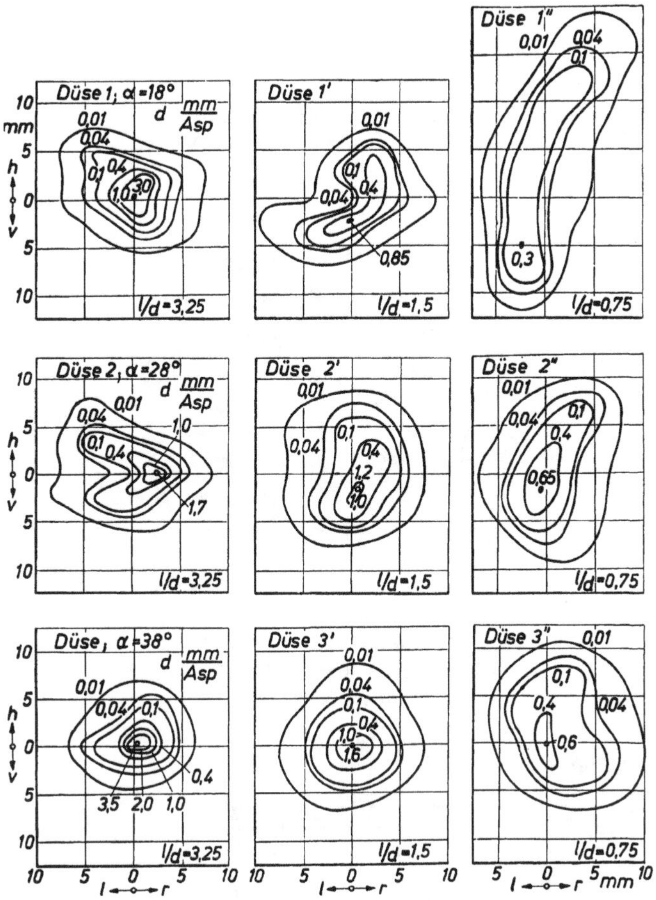

Abb. 75. Mengenverteilung im Kraftstoffstrahl von drei F&S-Einlochdüsen, n_p = 600 U/min, q = 50 mm³/Asp

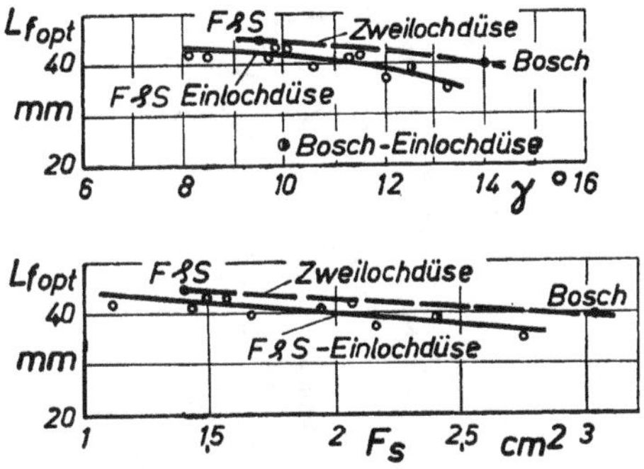

Abb. 76. Abhängigkeit der freien Strahllänge von der Strahlauflockerung (1 NVD 14),

oben: vom mittleren Strahlwinkel,

unten: vom Strahlquerschnitt in 80 mm Abstand von der Düse

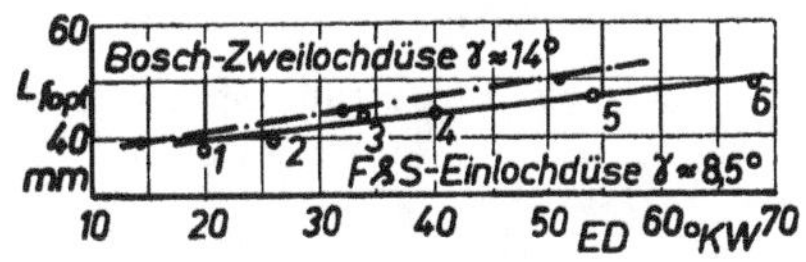

Abb. 77. Zusammenhang zwischen freier Strahllänge und Einspritzdauer (1 NVD 14)

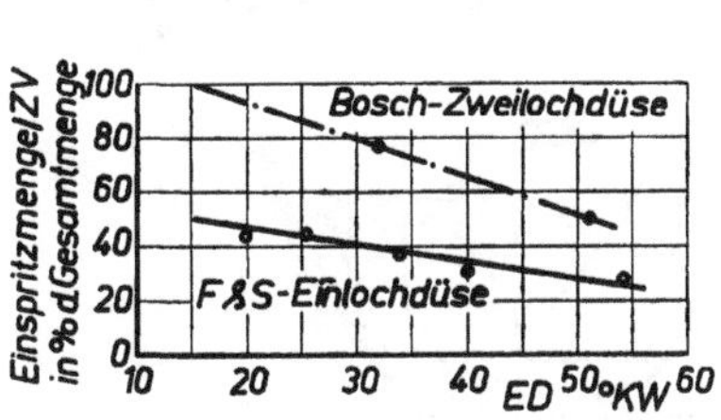

Abb. 78. Pro Zündverzug eingespritzte Kraftstoffmenge

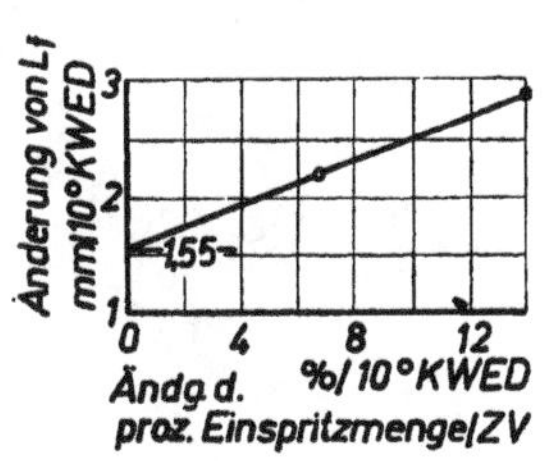

Abb. 79. Änderung der freien Strahllänge mit der Einspritzmenge pro Zündverzug (1 NVD 14)

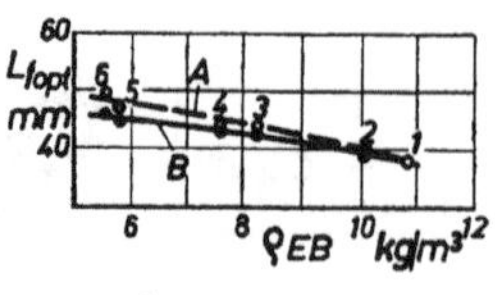

Abb. 80. Freie Strahllänge in Abhängigkeit von der Dichte bei Einspritzbeginn (1 NVD 14)

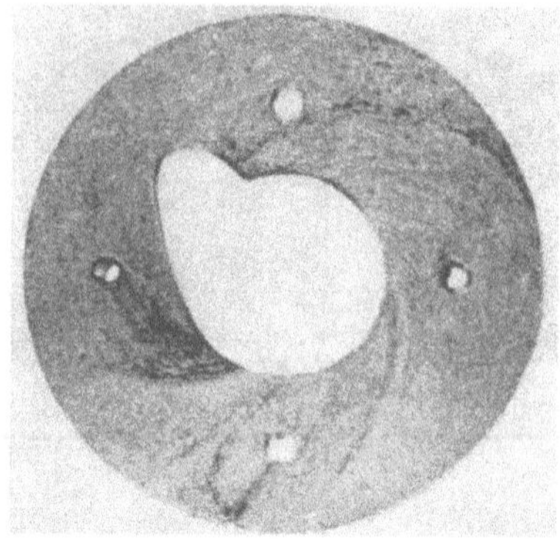

Abb. 81. Luftströmung auf dem Kolbenboden des 1 NVD 14, sichtbar gemacht

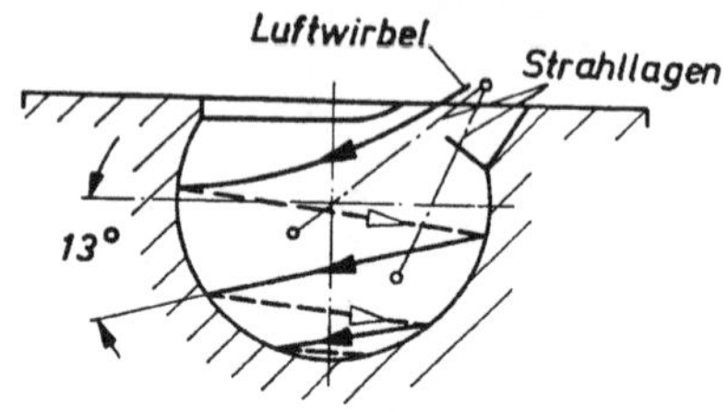

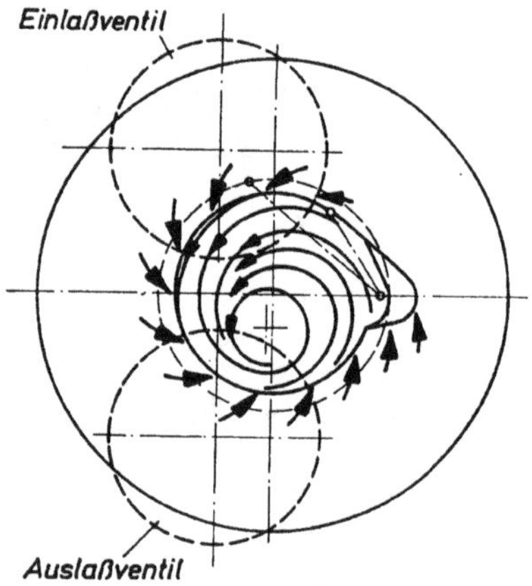

Abb. 82. Luftströmung im Brennraum des 1 NVD 14

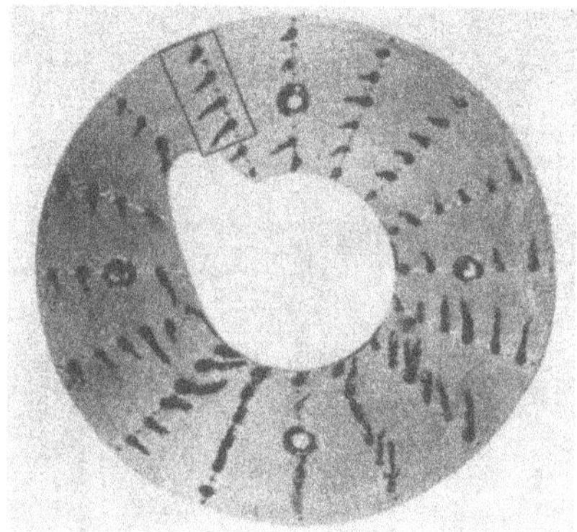

Abb. 84. Verwehungsbahnen von Punkten einer Öl-Graphit-Ruß-Mischung auf dem Kolbenboden des 1 NVD 14

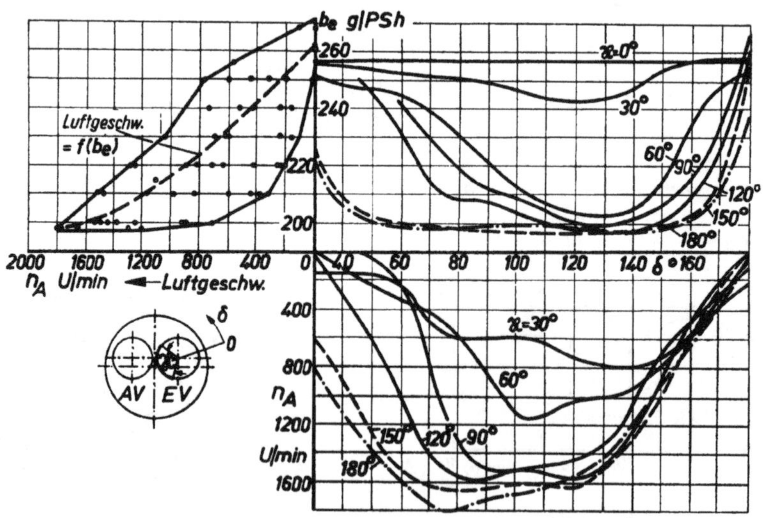

Abb. 83. Einfluß der Wirbelintensität (1 NVD 14), $n = 1200$ U/min, $p_e = 5$ kp/cm²

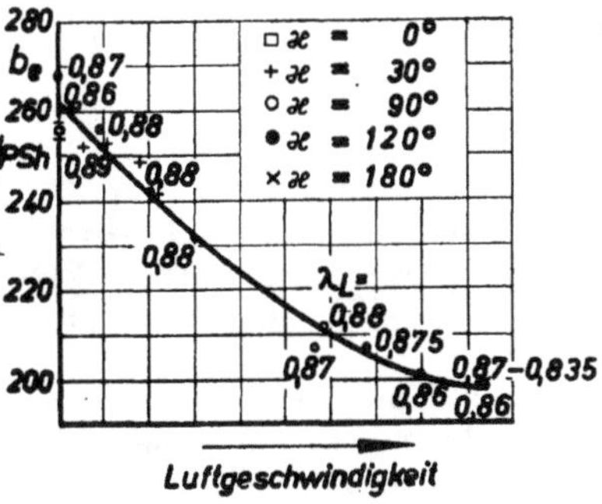

Abb. 85. Zusammenhang zwischen Verbrauch und Geschwindigkeit der Luft (1 NVD 14), $n = 1200$ U/min, $p_e = 5$ kp/cm²

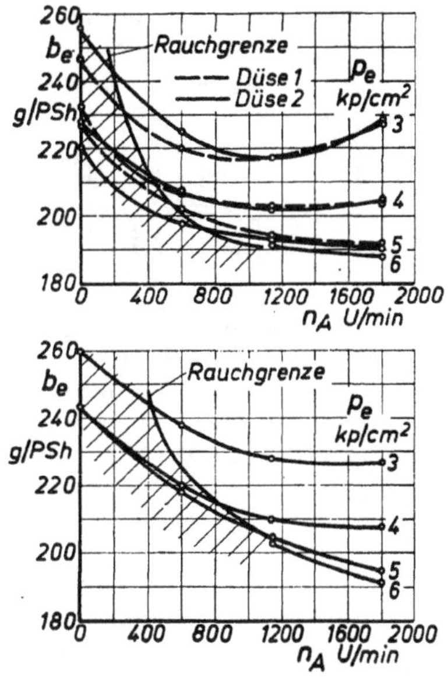

Abb. 86. Verbrauch in Abhängigkeit von der Wirbeldrehzahl (1 NVD 14), $n = 1200$ U/min,
oben: Bosch-Einlochdüsen DLLA (Düse 1: $\alpha = 20°$, Düse 2: $\alpha = 42°$)
unten: Bosch-Zweilochdüse DLLA 2 S 50

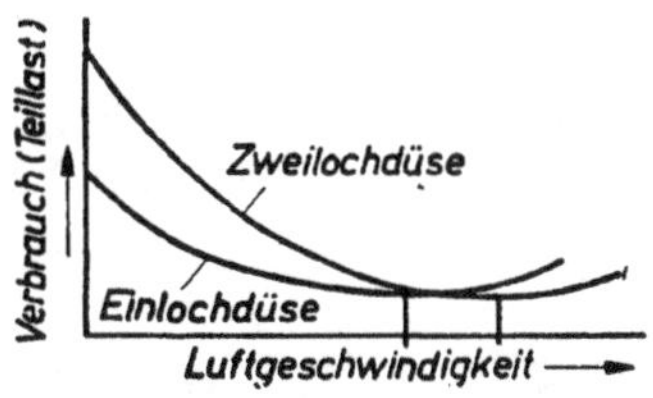

Abb. 87. Verbrauch in Abhängigkeit von der Luftgeschwindigkeit (schematisch)

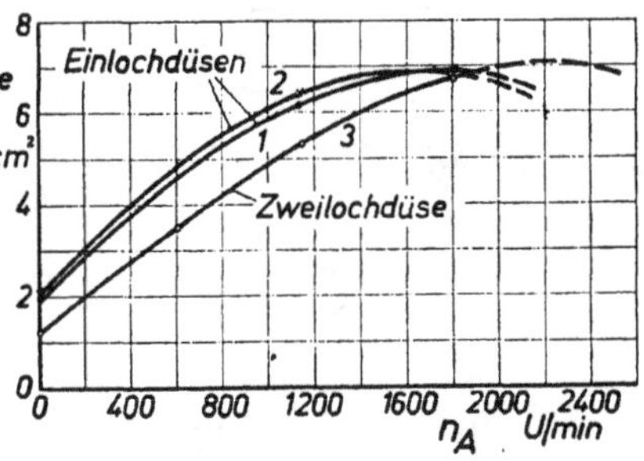

Abb. 88. Maximale Belastbarkeit in Abhängigkeit von der Wirbeldrehzahl (1 NVD 14), $n = 1200$ U/min

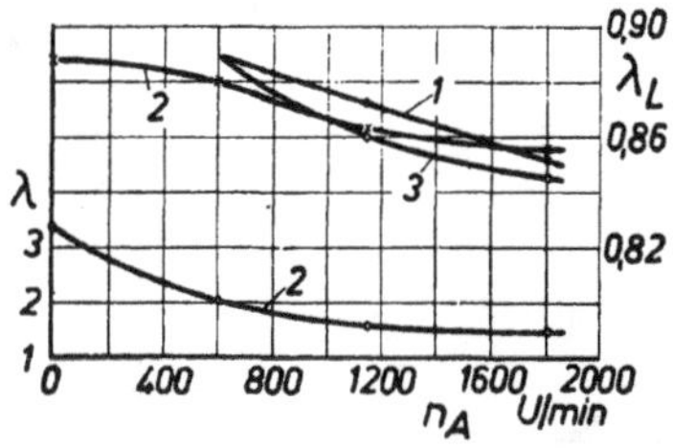

Abb. 89. Zu Abb. 88 gehöriger Liefergrad- und Luftüberschußzahlverlauf

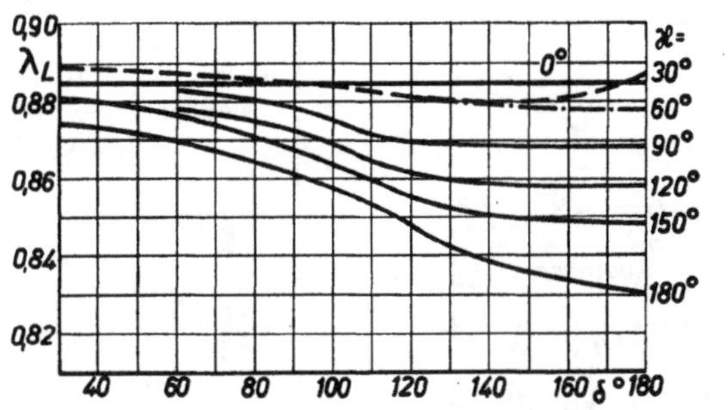

Abb. 90. Abhängigkeit des Liefergrades von Schirmventilstellung und Schirmwinkel (1 NVD 14), $n = 1200$ U/min, $p_e = 5$ kp/cm²

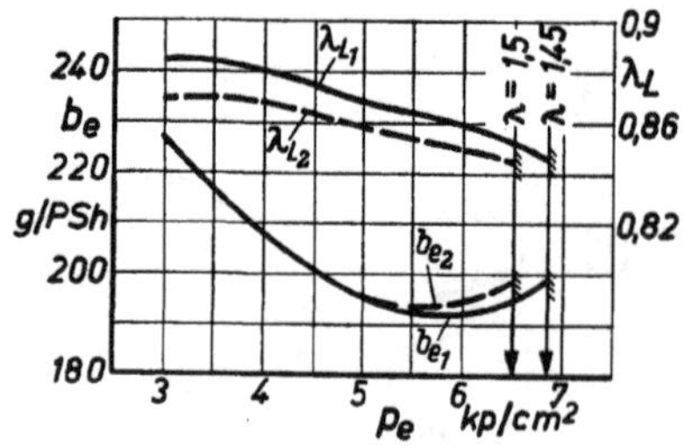

Abb. 91. Verbrauch über der Belastung für unterschiedlichen Liefergrad (obere Kurven λ_{L1} und λ_{L2}, die Differenz wurde durch Veränderung von Schirmwinkel und Schirmventilstellung bei konstanter Wirbeldrehzahl erzielt). (1 NVD 14), n = 1200 U/min

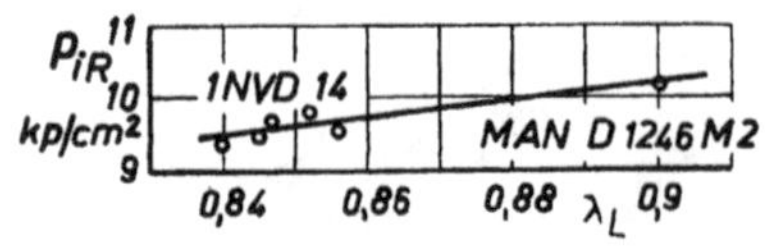

Abb. 92. Indizierter Mitteldruck an der Rauchgrenze in Abhängigkeit vom Liefergrad, n = 1200 U/min

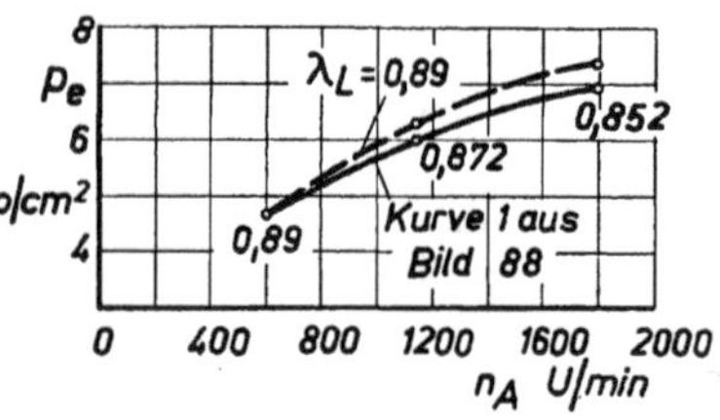

Abb. 93. Maximale Belastbarkeit in Abhängigkeit von der Wirbeldrehzahl (1 NVD 14), n = 1200 U/min

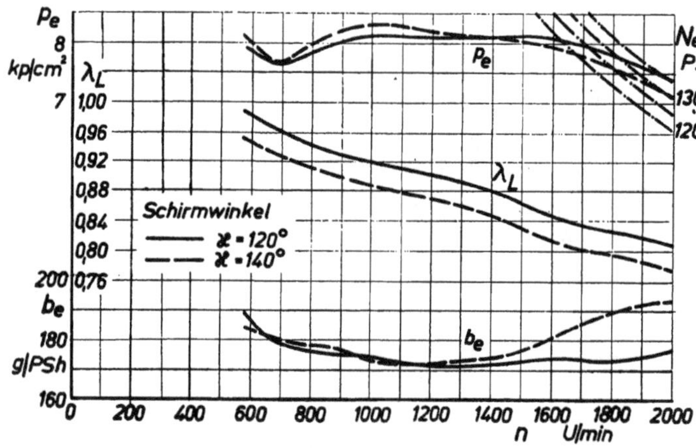

Abb. 94. Einfluß der Schirmwinkelgröße bei Vollast (MAN D 1246 M 2)

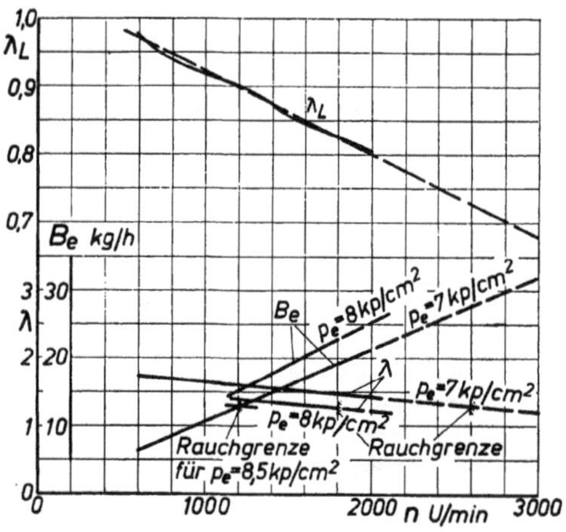

Abb. 95. Verlauf von Liefergrad, stündlichem Kraftstoffverbrauch und Luftüberschußzahl mit der Drehzahl (MAN D 1246 M 2)

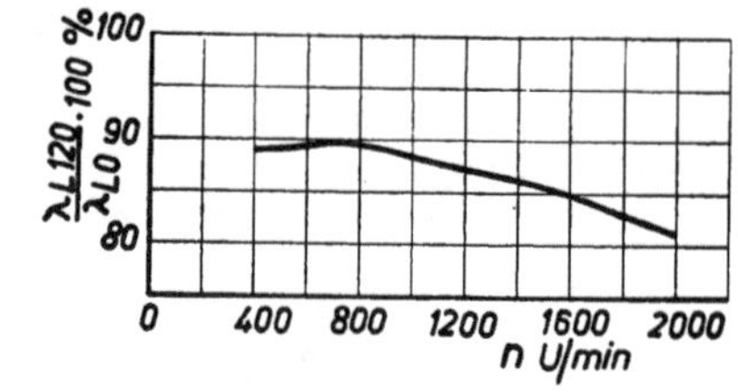

Abb. 96. Liefergradabfall eines 120°-Schirmventils gegenüber schirmlosen Ventil (MAN D 1246 M 2)

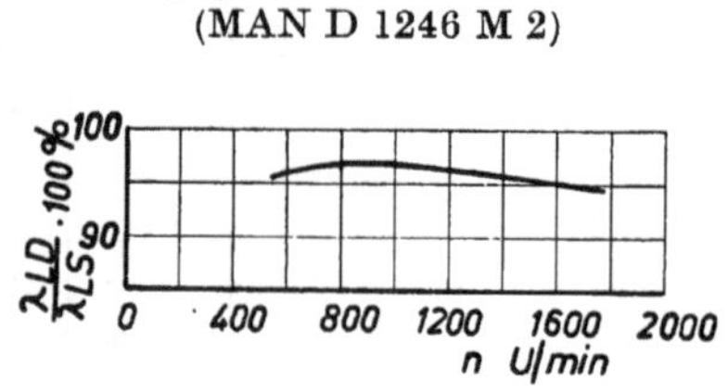

Abb. 97. Liefergradabfall eines Einlaßkanals mit 120°-Schirmventil gegenüber Drallkanal und schirmlosen Ventil (1 NVD 14)

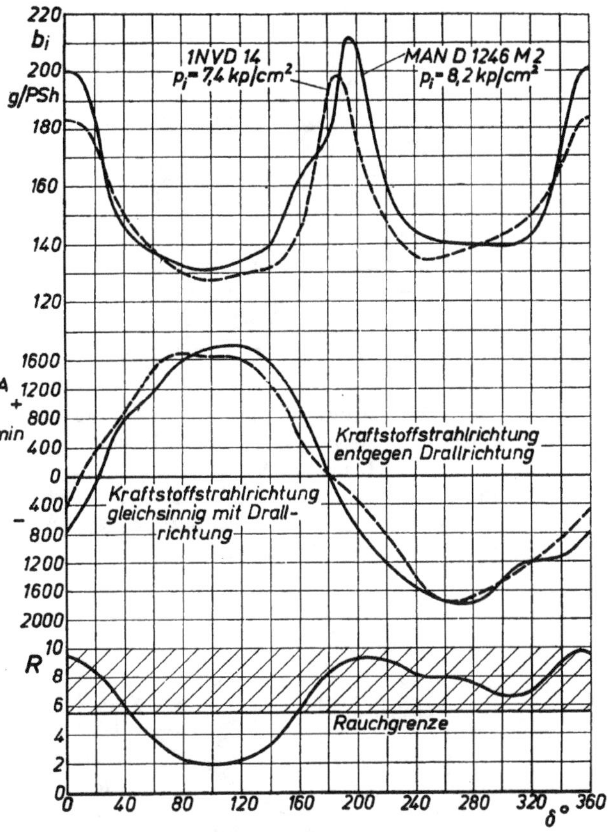

Abb. 98. Einfluß der Ventilschirmstellung, $n = 1200$ U/min

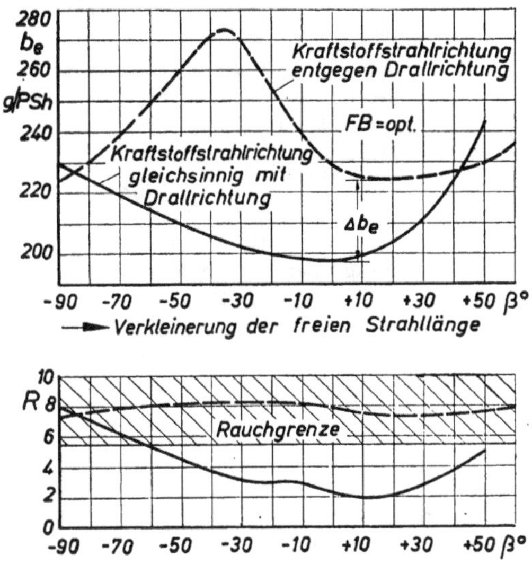

Abb. 99. Verbrauch und Abgastrübung in Abhängigkeit von Düsenstellung und Kraftstoffstrahlrichtung (1 NVD 14), F & S-Einlochdüse, $n = 1200$ U/min, $p_e = 5$ kp/cm²

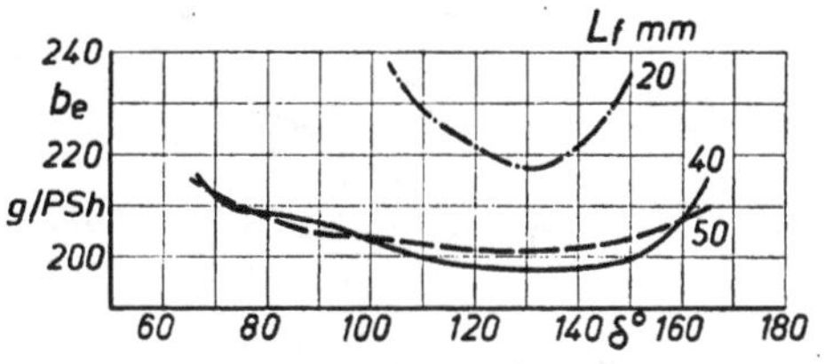

Abb. 100. Verbrauch in Abhängigkeit von der Ventilschirmstellung (1 NVD 14), $n = 1200$ U/min, $p_e = 5$ kp/cm²

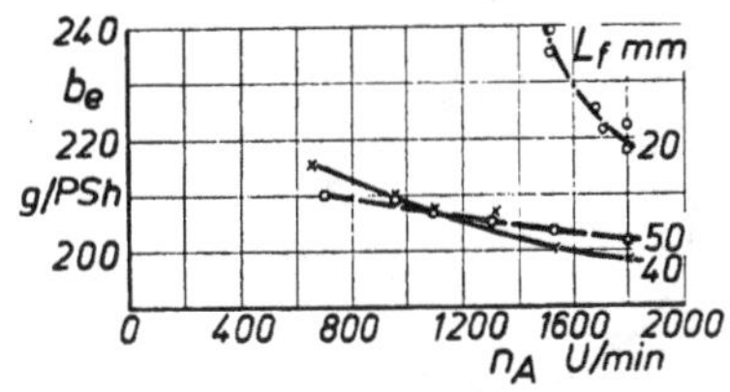

Abb. 101. Verbrauch in Abhängigkeit von der Wirbeldrehzahl (1 NVD 14), $n = 1200$ U/min, $p_e = 5$ kp/cm²

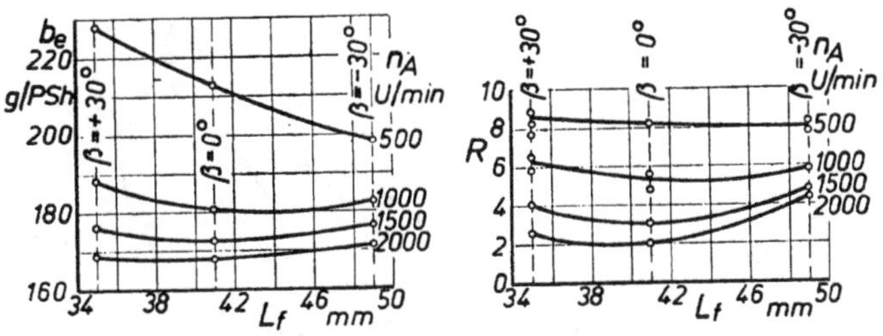

Abb. 102. Verbrauch und Abgastrübung in Abhängigkeit von der freien Strahllänge (MAN D 1246 M 2), $n = 1200$ U/min, $p_e = 6{,}5$ kp/cm²

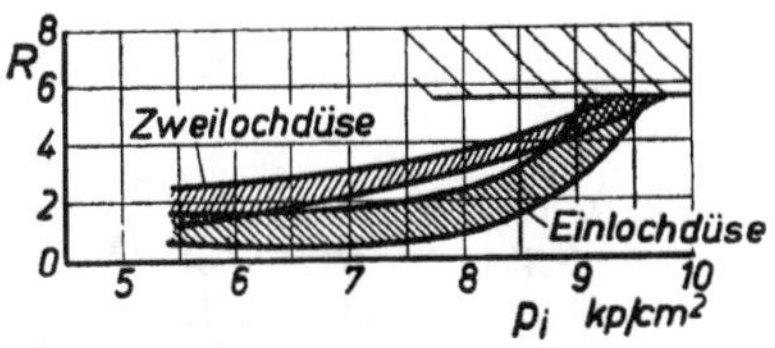

Abb. 103. Verlauf der Abgastrübung über dem indizierten Mitteldruck, $n = 1200$ U/min

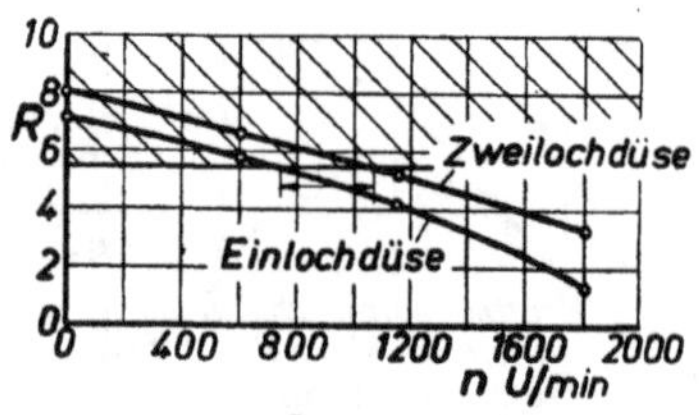

Abb. 104. Verlauf der Abgastrübung über der Wirbeldrehzahl (1 NVD 14), $n = 1200$ U/min, $p_i = 7{,}8$ kp/cm²

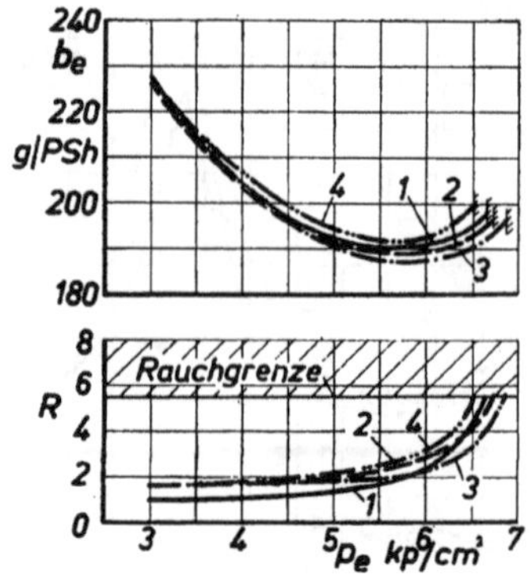

Abb. 105. Verbrauch und Abgastrübung über der Belastung für 4 Bosch-Einlochdüsen (1 NVD 14), Strahlrichtungswinkel: 1: $\alpha = 20°$, 2: $\alpha = 33{,}5°$, 3: $\alpha = 42°$, 4: $\alpha = 52{,}5°$, $n = 1200$ U/min

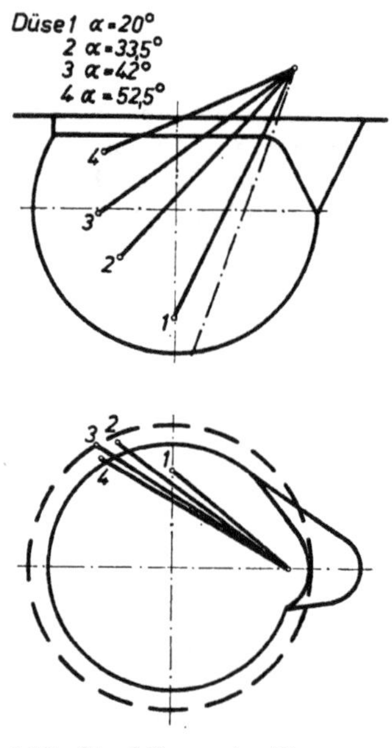

Abb. 106. Strahllagen im Brennraum des 1 NVD 14 von 4 Bosch-Einlochdüsen

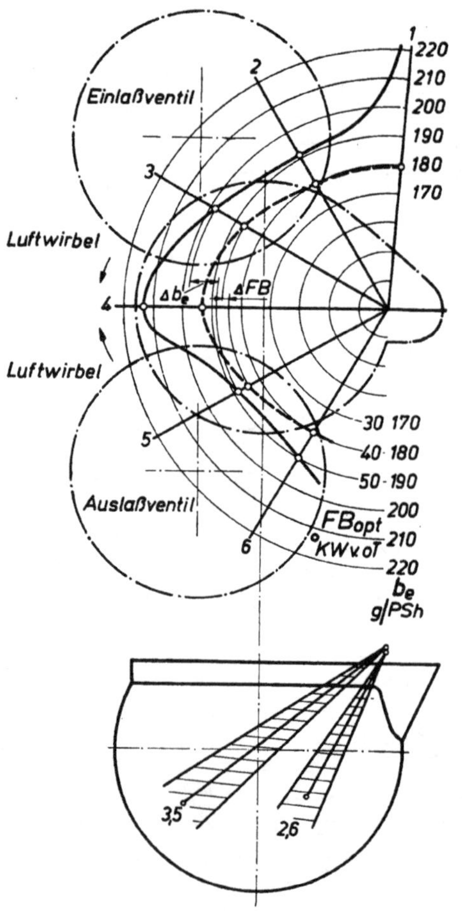

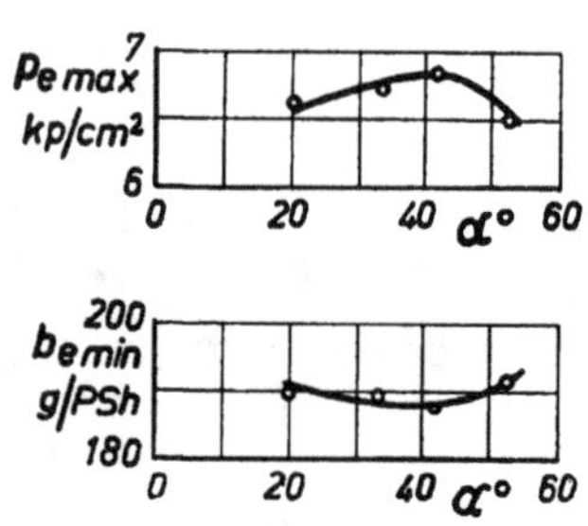

Abb. 107. Belastbarkeit und Verbrauch in Abhängigkeit vom Strahlrichtungswinkel (Werte aus Abb. 105)

Abb. 108. Verbrauch und optimaler Förderbeginn in Abhängigkeit von der Strahllage (1 NVD 14), $n = 1200$ U/min, $p_e = 5$ kp/cm²

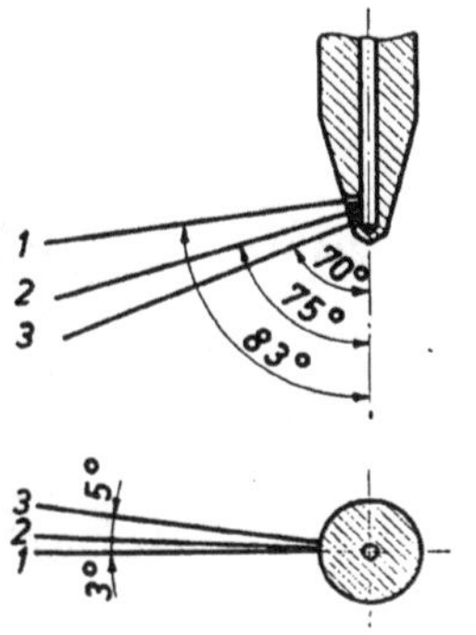

Abb. 109. Strahlrichtungen der F & S-Dreilochdüse

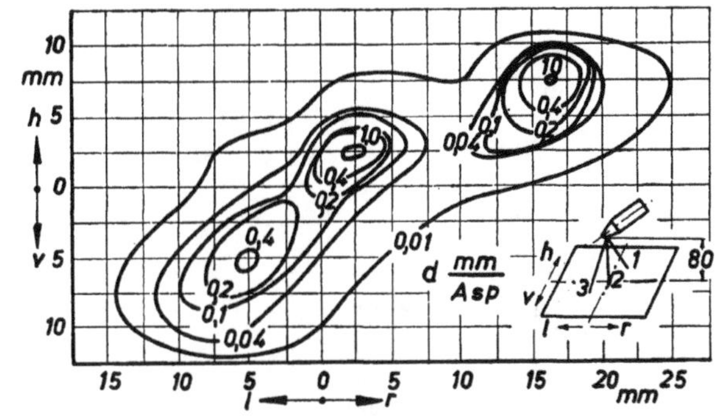

Abb. 110. Mengenverteilung im Kraftstoffstrahl der F & S-Dreilochdüse, $n_p = 600$ U/min, $q = 50$ mm³/Asp

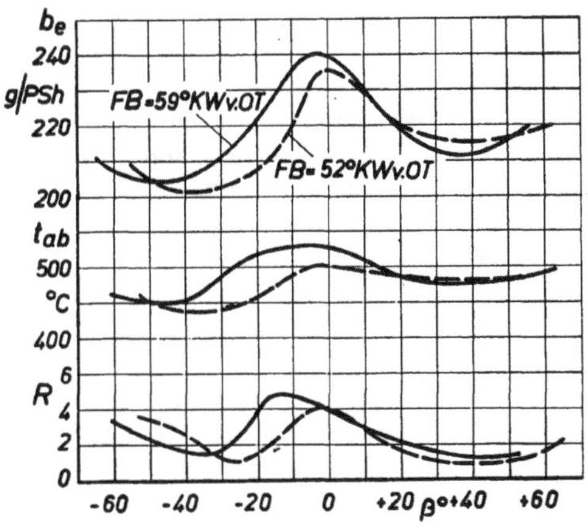

Abb. 111. Einfluß der Düsenstellung mit F & S-Dreilochdüse (1 NVD 14), $n = 1200$ U/min, $p_e = 5$ kp/cm²

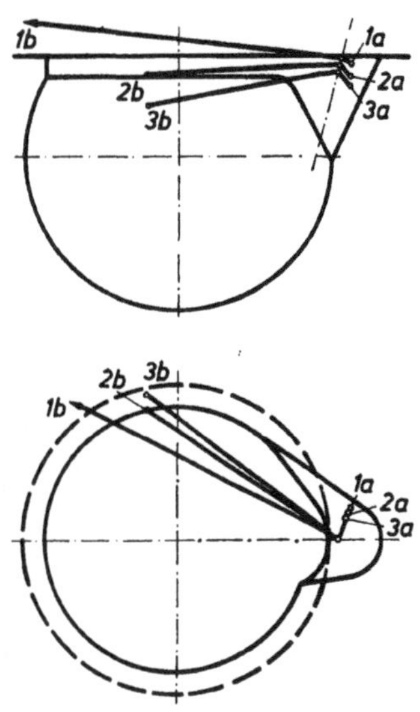

Abb. 112. Strahllagen im Brennraum des 1 NVD 14, Index a: $\beta = +45°$, Index b: $\beta = -35°$

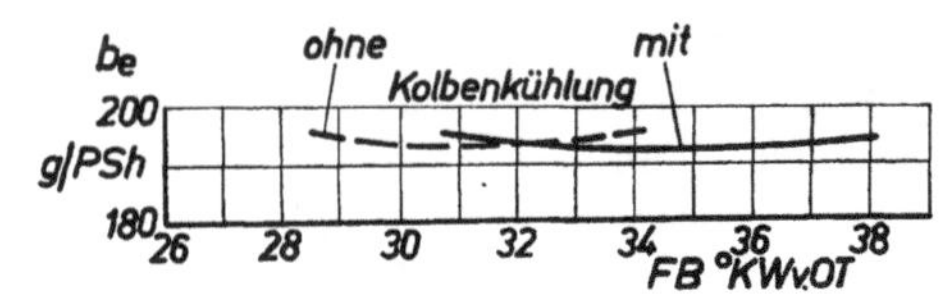

Abb. 113. Einfluß der Kolbenkühlung (1 NVD 14), Bosch-Düse DLLA 27S50, $n = 1200$ U/min, $p_e = 5$ kp/cm²

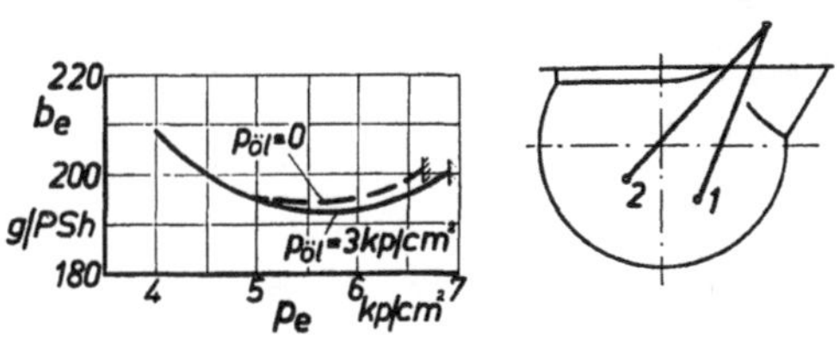

Abb. 114. Einfluß der Kolbenkühlung (1 NVD 14), Bosch-Düse DLLA 27S50, $n = 1200$ U/min

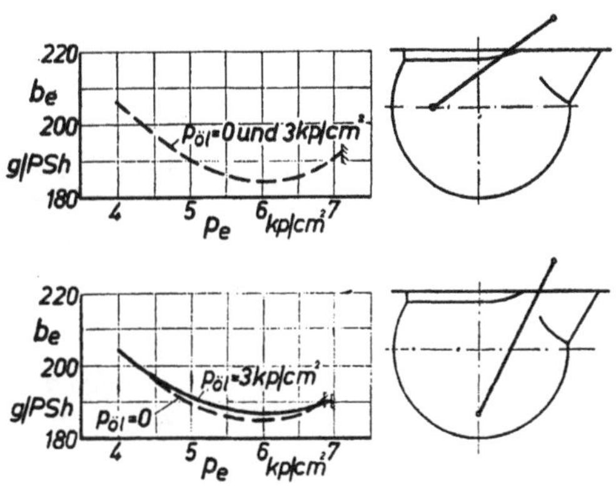

Abb. 115. Einfluß der Kolbenkühlung (1 NVD 14), Bosch-Einlochdüsen, $n = 1200$ U/min

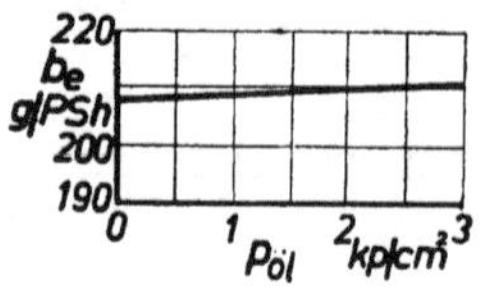

Abb. 116. Einfluß der Kolbenkühlung (1 NVD 14), F & S-Zweilochdüse, $n = 1200$ U/min, $p_e = 5$ kp/cm²

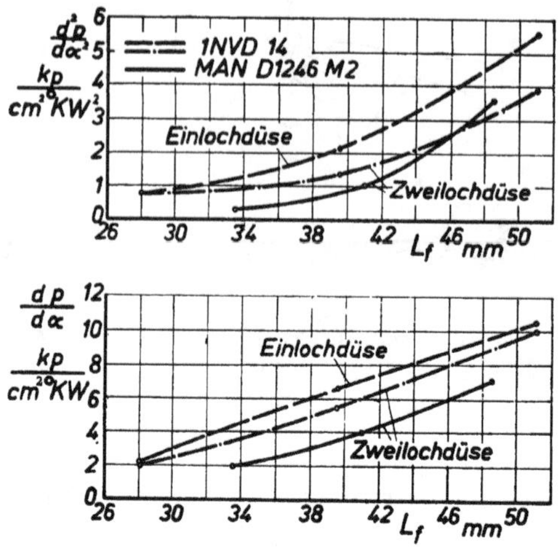

Abb. 117. Maxima der ersten und zweiten Ableitung des Druckes in Abhängigkeit von der freien Strahllänge, $n = 1200$ U/min, $p_i \approx 8$ kp/cm²

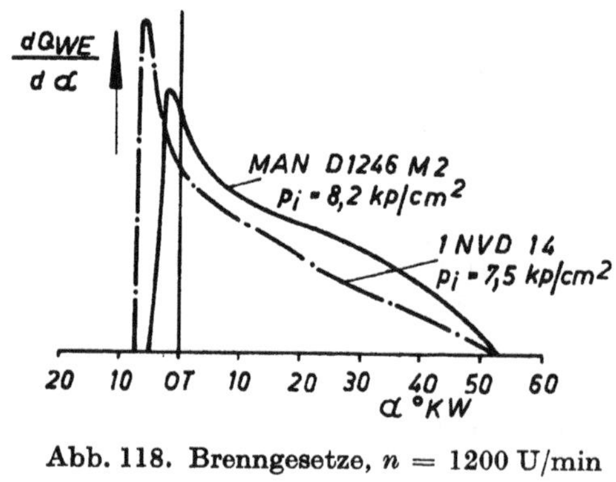

Abb. 118. Brenngesetze, $n = 1200$ U/min

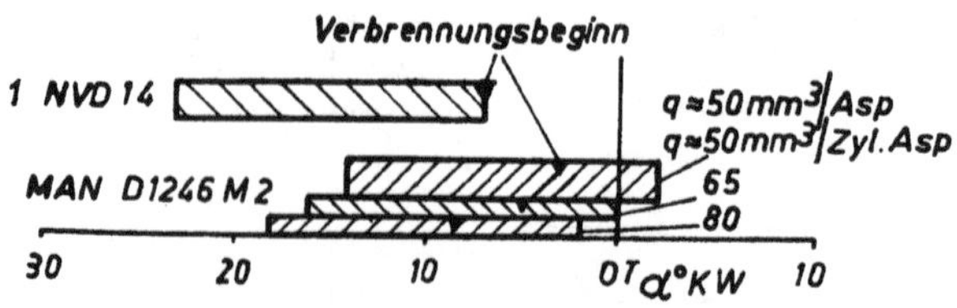

Abb. 119. Lage der Einspritzgesetze zum OTK, ED = 16° KW, $n = 1200$ U/min

Anhang 1

1 Gebläse
2 Mengenregulierung
3 Drehkolbengaszähler
4 Temperaturmeßstelle
5 Druckmeßstelle
6 Ausgleichbehälter
7 Prallblech
8, *9* Austrittsstutzen
10 Metallschlauch
11 Beruhigungssieb
12 Verbindungstrichter
13, *14* Druckmeßstellen
15 Einlaßkanalmodell
16 Ventilhubverstellung
17 Ventilverdrehung
18 Zylinder
19 Exzentr. Zylinderverdrehung
20 Anemometer
21 Zählwerk
22 Anemometerhöhenverstellung

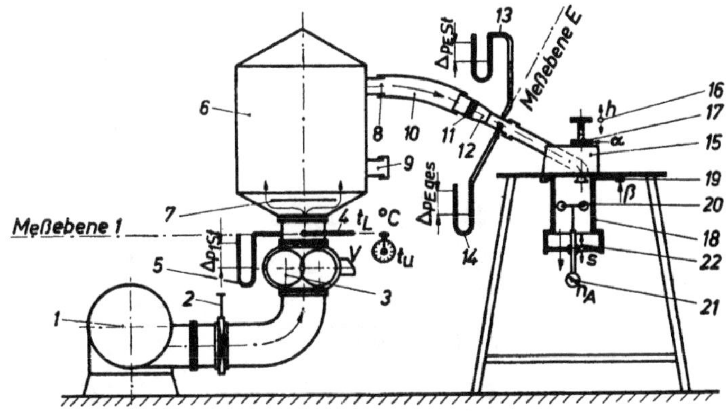

Abb. 1. Prüfstandaufbau (schematisch)

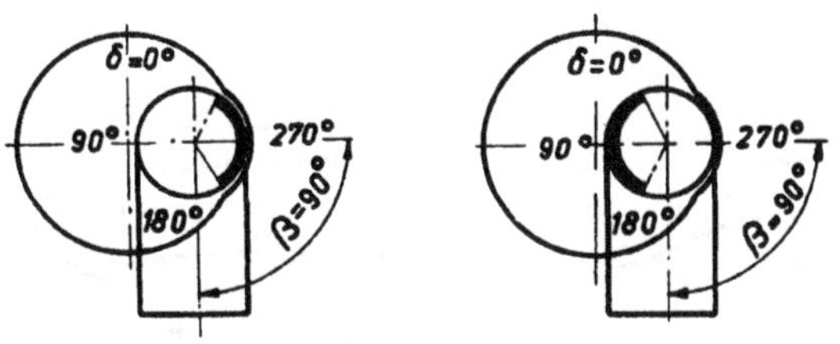

Abb. 2
Schirmwinkelstellung für maximalen (links) und minimalen (rechts) Luftdurchsatz

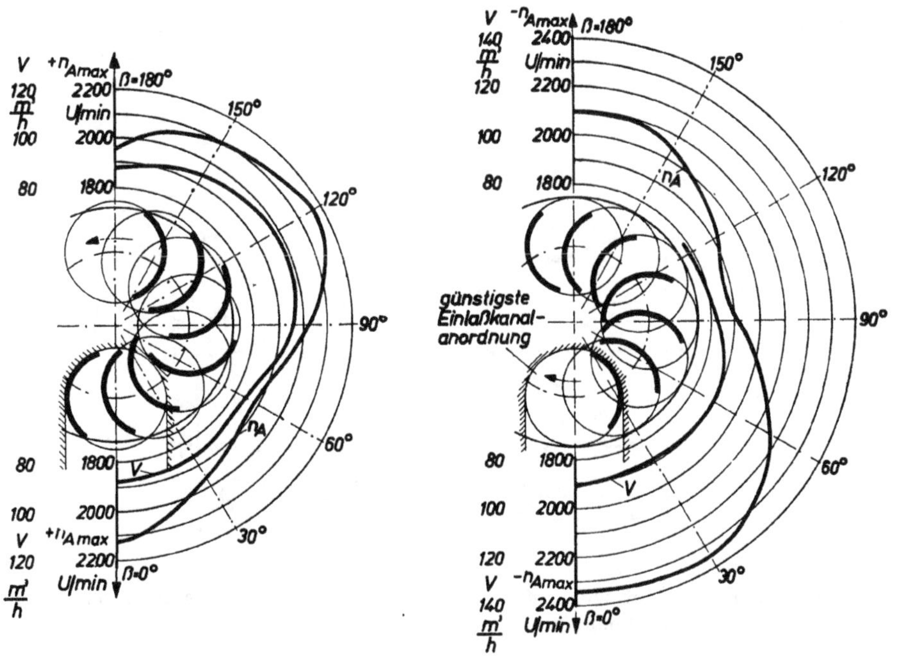

Abb. 3
Lage des Ventilschirms zum Zylinder (Draufsicht), links positives, rechts negatives Wirbelmaximum

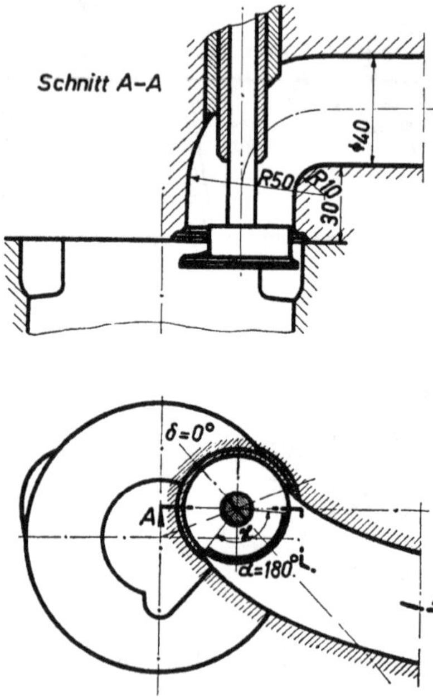

Abb. 4
Einlaßkanal des 1 NVD 14

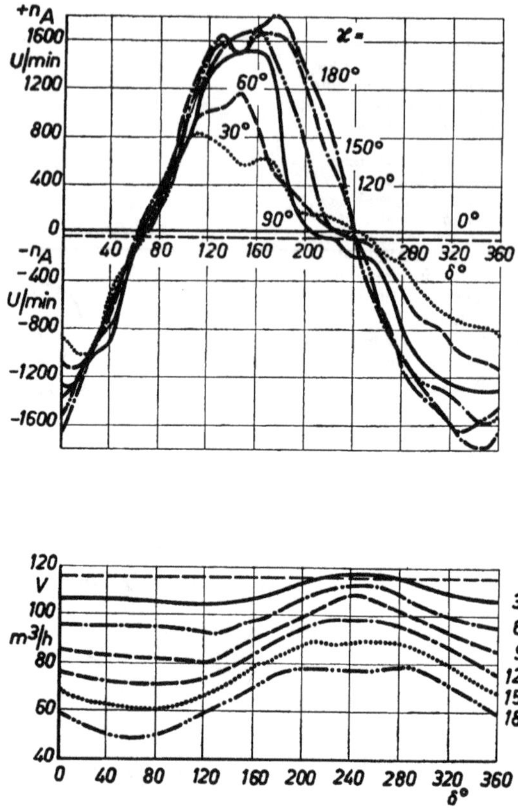

Abb. 5
Einfluß von Schirmwinkelgröße und -stellung, Kanal des 1 NVD 14

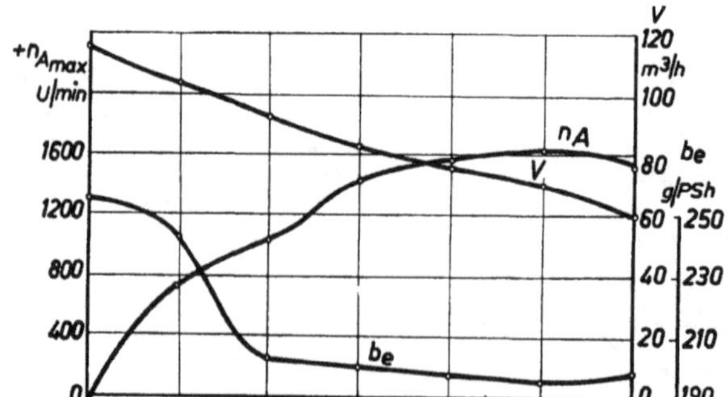

Abb. 6
Wirbeldrehzahl, zugehöriger Luftdurchsatz und spezifischer Kraftstoffverbrauch in Abhängigkeit vom Schirmwinkel (1 NVD 14)

Anhang 2

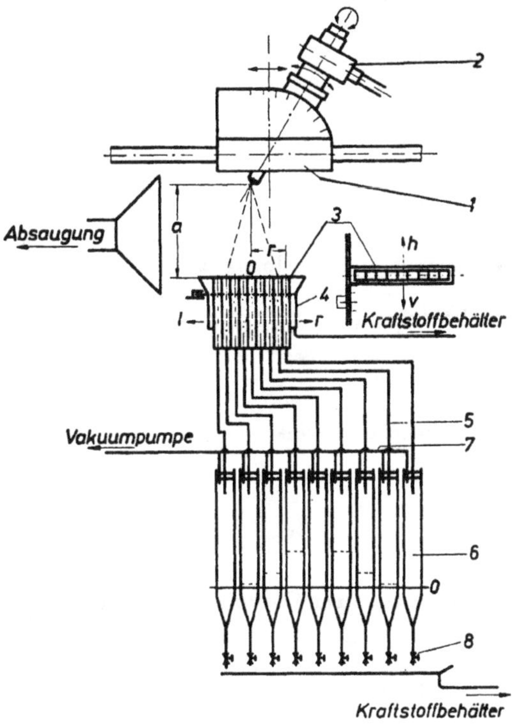

1 Düsenhalterung
2 Düsenhalter
3 Auffangkamm
4 Auffangvorrichtung
5 Abflußschläuche
6 Meßgläser
7 Saugleitung
8 Ablaßhähne

Abb. 1
Prinzipskizze des Gerätes

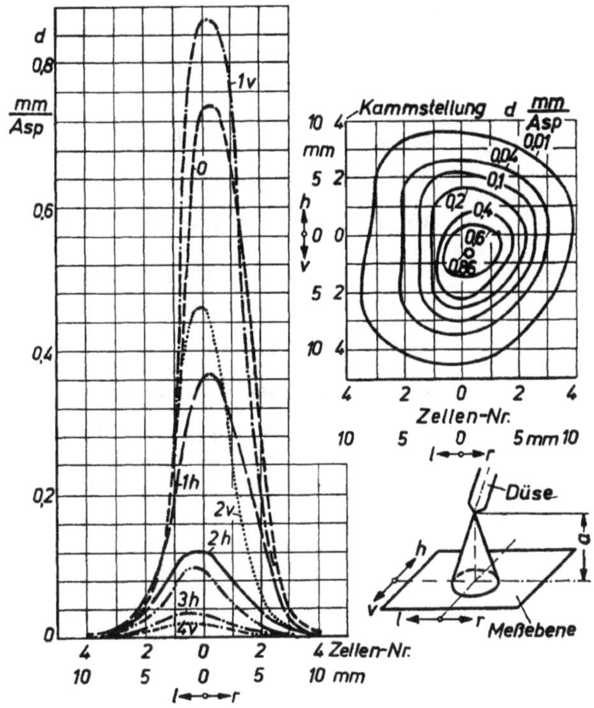

Abb. 2
Mengenverteilungskurve $d = f(r)$ und zugehöriges Strahlbild

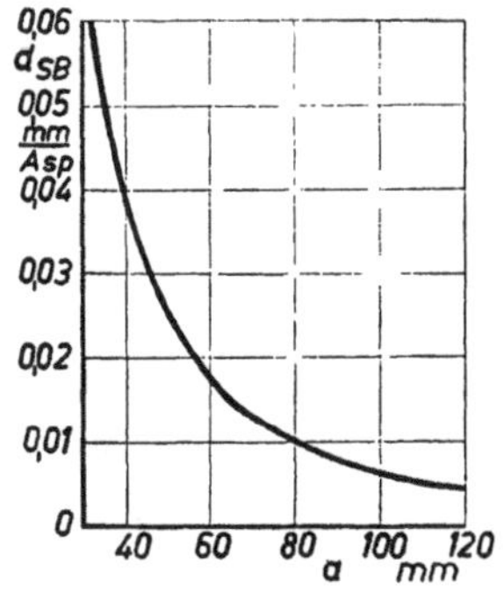

Abb. 3
Abhängigkeit der als Strahlbegrenzung dienenden Strahldichte vom Abstand a.
$n_p = 600$ U/min, $q = 45$ mm³/Asp

www.ingramcontent.com/pod-product-compliance
Lightning Source LLC
LaVergne TN
LVHW081350011026
849161LV00013BB/3039